湖南省哲学社会科学基金项目:"双碳"目标下的包装全生命周期
低碳设计策略及实现路径研究（22YBQ070）结题成果

全链条协同治理下
包装可持续设计研究

雷永振 ◎ 著

吉林出版集团股份有限公司
全国百佳图书出版单位

图书在版编目（CIP）数据

全链条协同治理下包装可持续设计研究 / 雷永振著.
长春：吉林出版集团股份有限公司，2025.3. -- ISBN 978-7-5731-6231-1

Ⅰ．TB482

中国国家版本馆CIP数据核字第2025SM5343号

QUANLIANTIAO XIETONG ZHILI XIA BAOZHUANG KECHIXU SHEJI YANJIU

全链条协同治理下包装可持续设计研究

著　者	雷永振
责任编辑	张婷婷
装帧设计	朱秋丽
出　版	吉林出版集团股份有限公司
发　行	吉林出版集团青少年书刊发行有限公司
地　址	吉林省长春市福祉大路 5788 号（130118）
电　话	0431-81629808
印　刷	吉林省信诚印刷有限公司
版　次	2025 年 3 月第 1 版
印　次	2025 年 3 月第 1 次印刷
开　本	787 mm × 1092 mm　1/16
印　张	11.25
字　数	210千字
书　号	ISBN 978-7-5731-6231-1
定　价	88.00元

版权所有·翻印必究

前 言

全链条协同治理意味着在整个产品生命周期中,各个环节的利益相关者须协同合作,以实现资源的最优化利用和环境影响的最小化。包装作为产品全生命周期中的重要组成部分,其设计直接影响着资源的使用效率、废弃物的产生量以及环境的可持续性。因此,在全链条协同治理下,进行包装可持续设计研究具有重要意义。选择可再生、可降解或可回收的材料,能够有效减少资源消耗和环境污染。首先,包装结构设计的优化,能够减少材料的使用量和减小产品的体积,从而降低运输和储存过程中的能耗。其次,包装设计要充分考虑产品的整个生命周期,包括生产、使用、回收和处置等环节。供应链上的各个环节紧密协作,以确保包装在整个生命周期中对环境的影响最小化。例如,在设计初期,就要考虑包装的易回收性和二次使用的可能性,避免一次性使用后的浪费。最后,包装设计应充分考虑用户的需求和行为习惯,以提高包装的使用效率和便利性,减少浪费。

全链条协同治理要求各方在包装设计过程中保持开放的沟通与合作,形成共同的可持续发展目标,这包括供应商、制造商、分销商、零售商以及消费者的协作。通过信息共享和技术创新,可以在设计和生产阶段就减少资源的浪费,提升包装的环保性能。此外,政府和非政府组织也可以在其中扮演重要角色,通过制定政策和行业标准推动包装可持续设计的发展。

本书旨在系统地探讨全链条协同治理在包装可持续设计中的应用与实践。随着全球环境问题的日益严峻,包装产业作为重要的资源消耗和污染源之一,亟须转型升级,以实现可持续发展。本书结合全链条协同治理理论,深入分析了包装产业的各个环节,从原材料选择、包装设计及生产过程优化、包装使用与消费管理,到废弃物处理与再利用,全面展示了如何通过协同治理实现包装设计的可持续性。本书的价值在于提供了一套系统的理论与实践框架,帮助读者理解并应用全链条协同治理理念,推动包装产业的绿色转型。本书通过对全球包装可持续设计发展趋势的分析,以及实际案例的探讨,读者可以获取最新的行业动态和实践经验。本书适用于包装设计师、生产企业、环境保护研究者以及相关政府部门和教育培训机构，旨在促进不同环节的协同合作，以期共同推动包装可持续设计的发展。

目 录

第一章 全链条协同治理概述 ·· 01

  第一节 全链条协同治理的背景 ··· 01

  第二节 全链条协同治理的概念与原则 ·· 06

  第三节 全链条协同治理在包装行业的应用 ·································· 12

  第四节 全链条协同治理的机制与模式 ·· 18

第二章 包装可持续设计的理论基础 ··· 25

  第一节 可持续设计的概念与原则 ··· 25

  第二节 包装设计与环境保护 ··· 30

  第三节 包装可持续设计的原则与方法 ·· 35

  第四节 全球包装可持续设计的发展趋势 ···································· 41

第三章 包装可持续设计策略 ·· 52

  第一节 可持续包装材料的选择与管理 ·· 52

  第二节 包装结构与功能创新设计 ··· 61

  第三节 包装回收与再利用体系构建 ·· 69

  第四节 消费者行为与环境保护政策 ·· 77

第四章 全链条协同治理下的包装生产过程优化 ······································· 83

  第一节 包装生产过程概述 ·· 83

  第二节 全链条协同治理下的节能减排技术 ································· 90

  第三节 生产环节中的资源优化策略 ·· 94

  第四节 实施节能减排的案例分析 ··· 100

第五章　全链条协同治理下的包装使用与消费 ... 106

第一节　消费者对可持续包装的认知与需求 ... 106

第二节　包装使用过程中的全链条协同治理 ... 109

第三节　增强消费者环保意识与教育 ... 113

第四节　消费者参与的可持续包装设计 ... 119

第六章　全链条协同治理下的包装使用阶段管理 ... 124

第一节　包装使用阶段的环境影响分析 ... 124

第二节　全链条协同治理下的可重复使用与多功能设计 ... 129

第三节　消费者行为研究与包装使用 ... 134

第四节　提高包装使用阶段可持续性的策略 ... 140

第七章　全链条协同治理下的包装废弃物管理与再利用 ... 146

第一节　包装废弃物的分类与处理 ... 146

第二节　全链条协同治理下的废弃物回收技术 ... 150

第三节　再生材料的应用与管理 ... 156

第八章　全链条协同治理下包装可持续发展的机遇与挑战 ... 160

第一节　科技创新路径 ... 160

第二节　社会融合发展 ... 164

第三节　政策导向与大众认同 ... 166

第四节　经济效益与环境保护 ... 169

参考文献 ... 173

第一章　全链条协同治理概述

第一节　全链条协同治理的背景

一、全链条协同治理的产生原因

（一）复杂社会问题的需要

全链条协同治理的产生原因可以从复杂社会问题的特点和传统治理模式的局限性两个方面进行分析。

复杂社会问题的产生和发展具有显著的系统性、动态性和不可预见性，这就要求治理机制能够适应这些变化，并具有高度的灵活性和协调性。现代社会问题往往不是孤立的、单一的，而是相互交织的。环境污染问题不仅涉及生态环境，还与经济发展、社会结构、法律法规等多个方面密切相关。单一部门或单一政策难以解决这种多维度的问题，需要一个综合性的治理框架来应对。

社会问题的复杂性和多样性使得传统的线性治理模式不足以应对。以往的"自上而下"治理模式通常由政府主导，通过行政命令或政策法规来解决问题，这种模式往往忽略了社会各个方面的实际需求和反馈，容易导致政策执行中产生问题和反作用。在面对复杂问题时，这种单一的治理模式难以实现有效的资源配置且难以解决问题，往往会陷入"政策孤岛"的困境。

为了克服这些挑战，全链条协同治理应运而生。全链条协同治理强调从问题的识别、分析、决策、执行到评估的全过程中，各个环节和各方参与者要紧密配合与合作。这种治理模式强调"全链条"不仅是一个从始至终的系统过程，更是一个包括政府、企业、社会组织、公众等各方参与的网络结构。这种多方参与的治理模式可以更全面地了解问题的根源，整合不同的资源和力量，提高解决问题的综合性和有效性。

另一个关键因素是社会信息的透明化和公众参与的日益增加。信息技术的发展，尤其是大数据和互联网技术的应用，使得社会各个层面能够更迅速地获取和分享信息。这种信息的开放性和透明度，为公众参与治理提供了更多的机会和平台。公众不仅能够更加清晰地了解政策的制定过程和执行情况，还能通过各种渠道表达自己的意见和建议。这种信息透明化的趋势，使得全链条协同治理成为一种更加合适的治理模式，因为它能够将公众的反馈和建议有效地纳入治理过程，从而提高政策的科学性和执行效果。

此外，社会组织和企业在全链条协同治理中的角色也越来越重要。传统的政府主导型治理模式往往忽视了社会组织和企业在资源提供、专业知识和实际操作中的作用，而在全链条协同治理中，这些非政府部门的参与能够有效弥补政府的不足，发挥其专业优势和实践经验的作用，从而形成一个多元化的治理体系。企业在环境保护方面的技术创新和投资、社会组织在公益事业中的动员和服务，都能够为社会问题的解决提供有力的支持。

（二）信息化发展的推动

在当代社会，信息化发展已成为推动全链条协同治理的重要因素。信息化发展不仅推动了社会经济的现代化，还改变了政府治理、企业运作和社会服务的方式。全链条协同治理的产生与信息化的快速发展密不可分，其背后的原因涉及信息技术的普及、数据的集成应用、沟通协作的效率提升等诸多方面。

信息化发展带来了数据的爆炸性增长。在传统的治理模式中，数据通常是分散的、孤立的，难以进行有效的整合和分析。而信息化的发展则使海量数据的采集、存储和分析变得更加高效。通过大数据技术，政府部门和企业可以实时获取并处理来自不同渠道的信息，这为决策提供了更加精准的依据。数据整合和分析能力的提升，使得全链条的治理可以更加全面、准确的进行。

信息化推动了沟通与协作的无缝连接。在过去，政府部门、企业以及社会组织之间的信息传递往往受到地域、时间和渠道的限制，进而造成信息沟通效率低下，协作效果不佳。随着信息技术的进步，尤其是互联网和移动通信技术的发展，各个层级和领域之间的信息沟通变得更加即时和高效。通过建立信息共享平台，各方可以在实时获取信息的同时进行协作，从而实现跨部门、跨领域的全链条协同治理。

信息化还促进了智能化决策的实现。人工智能和机器学习技术的应用，使信息处理和分析不再局限于传统的数据统计和报告生成，智能决策支持系统能够根据大量的数据进行分析和预判，帮助决策者制定更加科学合理的政策和措施。在全链条协同治理中，这种智能化的决策支持系统能够实现对各个环节的动态监控和优化调整，从而提高治理的整体效率和效果。

在信息化的背景下，政府部门和企业可以通过各种在线平台公开信息，接受公众的监督和反馈。这种透明度的提升，不仅增强了政府治理的公信力，还促进了社会各界对政策和措施的积极参与和支持。公众可以通过网络平台提出意见、参与讨论，从而使治理过程更加民主化和科学化。在全链条协同治理中，公众的参与不仅能够提高政策的科学性和适应性，还能够提升社会治理的整体能力。

在传统治理模式中，服务通常是单一的、线下的，服务效率和质量往往受到诸多因素的限制。信息化的发展使得线上服务成为可能，通过电子政务、智能客服等手段，政府和企业可以提供更加便捷、个性化的服务。这种服务模式的创新，不仅提高了服务的效率和质量，也促进了全链条协同治理的实现。在全链条的治理过程中，各个环节都可以通过信息化手段实现更高效的服务和支持，从而提高治理的整体效率。

全链条协同治理需要对各个环节进行实时监控和风险评估，以便及时发现并解决问题，通过信息技术，尤其是传感器技术和物联网的应用，可以实现对各个环节的实时监控和数据采集。全链条协同治理通过分析这些数据，可以识别潜在的风险和问题，并提前预警，从而使得治理过程更加科学和精准。智能监控和风险预警系统的应用，不仅提高了治理的前瞻性和预见性，还提升了应对突发事件的能力。

在全球化背景下，各国和各地区之间的合作变得越来越紧密。信息技术的应用使跨国、跨区域的合作变得更加便捷和高效。通过信息共享和协同平台，各国政府、企业和社会组织可以共同应对全球性问题，如气候变化、公共卫生危机等。在全链条协同治理中，国际和区域合作能够实现资源的优化配置和协同管理，从而提高区域和全球治理的整体水平。

二、全链条协同治理在国家层面的政策背景

（一）"十三五"规划

"十三五"规划是中国在2016年至2020年实施的国家级发展规划，其核心目标是推进经济结构转型、增强国家综合实力、实现可持续发展。全链条协同治理作为

"十三五"规划的重要组成部分，旨在通过多层次、多领域的协调合作，提升治理效能，进一步推动经济社会全面进步。

"十三五"规划明确提出要推动经济从高速增长转向高质量发展，强调创新驱动、绿色发展、结构调整、共享发展等方面。全链条协同治理在这一过程中发挥着重要作用，它不仅涉及经济领域，还涵盖社会、环境等各个方面。全链条协同治理的目标是实现资源的优化配置，推动各领域之间的无缝衔接，进而提升政策实施的整体效果。

在经济领域，全链条协同治理的实施要求各个部门、地方政府和企业之间加强沟通与合作，形成合力推动经济转型升级。在政策上，国家鼓励企业加大技术创新力度，推动产业升级。地方政府需要根据自身实际情况，结合国家政策，制定相应的地方性政策，并与国家政策进行对接。通过这种协同方式，国家能够在整体上优化资源配置，推动经济结构调整，进而提高经济运行效率。

在社会治理方面，全链条协同治理注重社会资源的合理配置与协调发展。社会治理涉及公共服务、社会保障、民生改善等多个领域。国家通过制定一系列政策，鼓励社会各界参与治理，提升社会管理水平。国家提出要深化医药卫生体制改革，推动医疗资源的公平配置，以提高公共卫生服务水平。这要求政府部门、医疗机构、社区组织等各方面共同合作，实现资源的高效利用。

环境治理是全链条协同治理中的一个重要方面。为了实现绿色发展目标，国家在"十三五"规划中强调了环境保护与经济发展要协调。全链条协同治理在环境治理中要求各级政府、企业、社会组织等广泛参与，形成全社会共同推进环境保护的良好局面。国家提出要推进大气污染防治，实施空气质量改善行动计划。这不仅需要政府部门制定和实施相关政策，还需要企业采取环保措施，社会组织开展宣传教育活动，共同推动空气质量的改善。

"十三五"规划还注重在区域协调发展中全链条协同治理应用。中国各个地区的发展水平存在差异，国家通过制定一系列政策，推动区域间的协调发展。全链条协同治理在这一过程中要求各个地区在政策制定、资源配置、发展战略等方面加强合作，实现区域间的资源共享与互补。国家实施京津冀协同发展战略，要求北京、天津、河北等地在交通、产业、生态等方面进行深度合作，以推动区域整体发展。

全链条协同治理还涉及国家治理体系和治理能力现代化的提升。国家通过推动政府治理、市场治理和社会治理的有效结合，全面提升整体治理水平。在"十三五"规划中，国家强调要深化行政体制改革，简政放权，优化政府职能，提高政府服务效率。同时，鼓励市场在资源配置中发挥更大的作用，推动市场机制的完善。此外，还要发挥社会组织的作用，提升社会治理能力，实现政府、市场、社会三者的良性互动。

（二）《关于加强和创新社会治理的意见》

全链条协同治理在国家层面的政策背景中占据了重要地位，尤其是中共中央、国务院发布的《关于加强和创新社会治理的意见》（以下简称《意见》），标志着我国在社会治理领域进入了一个新的阶段。《意见》提出了一系列全链条协同治理的政策措施，旨在通过系统化、协同化的方式提升社会治理的整体效能，以适应复杂多变的社会环境。

《意见》明确提出了社会治理的总体目标，即构建"以人民为中心"的社会治理体系，形成"共建、共治、共享"的治理格局。这个目标的实现需要全链条协同治理的深入推进。《意见》强调要在社会治理的全过程中加强协同机制建设，形成政府主导、社会参与、市场运作、法律保障的综合治理模式。该政策强调了全链条协同治理在实现治理目标中的关键作用。

《意见》提出，社会治理应当从单一的政府主导模式向多元参与模式转变。过去，政府通常是社会治理的唯一主导者，采取"自上而下"的决策和管理方式。这种模式在面对复杂的社会问题时，容易出现资源配置不均、决策信息不对称等问题。《意见》指出，社会治理需要通过全链条的协同机制，将政府、市场、社会组织以及公众的力量整合起来，实现有效的治理。这一转变强调了协同治理的重要性，呼吁各方在治理过程中积极协作、共同推进。

《意见》还特别强调了社会治理中的信息化建设。信息技术的进步，特别是大数据、云计算、人工智能等技术的发展，为社会治理提供了新的工具和方法。信息化手段可以实现对社会问题的实时监控、数据分析和预警，从而提高治理的精准性和有效性。《意见》鼓励各地在社会治理中广泛应用信息化技术，推动政府部门与社会组织、企业之间的信息共享与协作。这一政策强调了全链条协同治理，将更加依赖于信息化手段，并通过技术手段实现各方的高效合作。

在具体措施方面，《意见》提出了加强社会组织参与治理的要求。社会组织作为非政府的中介机构，在解决社会问题、服务公众方面具有独特的优势。全链条协同治理要求社会组织在治理过程中发挥积极作用，通过与政府部门的合作，实现从多层次、多角度解决社会问题的最终目标。《意见》鼓励社会组织发挥其专业能力和社会资源，参与到社会治理的各个环节中,并通过规范化管理和资金支持,提升其在治理中的作用。

《意见》还提出了推动社区治理的创新的措施。社区是社会治理的最基层单位,也是居民日常生活的重要场所。加强社区治理,能够有效地将全链条协同治理的理念落到实处。通过社区自治、居民参与和专业化服务,构建政府与居民、社会组织、企业的互动和协作机制。社区治理的创新不仅有助于提高居民的生活质量,还能够为社会治理提供有力的支持和保障。

《意见》还提到,要健全社会治理的法律体系,为全链条协同治理提供法律保障。法律是社会治理的基石,通过完善法律法规,可以明确各方的权利和义务,规范治理行为,保障治理的公平和透明。全链条协同治理需要法律体系的支持,以确保各方在治理过程中的合作和互动能够在法律框架下进行,避免因缺乏法律保障而导致的治理问题。

第二节　全链条协同治理的概念与原则

一、全链条协同治理的概念

（一）全链条协同治理的定义

全链条协同治理是指在社会治理过程中,通过整合各个环节和领域的资源和力量,实现从问题发现、方案制定、执行落实到效果评估的全流程、全方位治理,其核心在于各方协同、信息共享、资源整合,以达到治理的高效性和综合性的目的。

（二）全链条协同治理的特点

1. 系统性

全链条协同治理作为一种现代治理模式,具有系统性、综合性、动态性和前瞻性等特点。系统性是全链条协同治理的核心特征之一,它不仅涵盖了治理的各个环节,还强调了这些环节之间的紧密联系与互动。这种治理模式的系统性特点,使得治理工作能够更加高效、协调、全面地解决复杂的社会问题。

全链条协同治理具备高度的系统整合性。传统治理模式通常是以部门为单位进行的,各个部门之间的信息和资源往往是分割的。这种分割式的治理模式导致了信息传递不畅、资源配置不均、政策执行不力等。全链条协同治理则通过打破部门之间的壁垒,实现信息和资源的整合与共享。通过建立跨部门、跨领域的协作机制，各个环节之间能够实现无缝对接，从而提高整体治理的效率。在环境治理中，政府部门、企业、科研机构和社会组织等各方可以通过信息共享平台实时交流数据，协同制定和执行环境保护政策，形成合力，共同应对环境挑战。

全链条协同治理具有明显的动态调整能力。社会问题和治理环境是不断变化的，因此需要一种灵活、适应性强的治理模式。全链条协同治理强调对治理过程的实时监控和动态调整，通过信息技术和数据分析，各个环节可以实时获取和分析信息，及时发现问题和变化，迅速调整策略和措施。在应对突发公共卫生事件时，实时数据的监控和分析能够帮助政府及时调整防控措施，从而有效控制疫情的扩散。这种动态调整能力使得全链条协同治理能够更好地适应不断变化的环境，提升治理的灵活性。

2. 协同性

全链条协同治理的核心特点之一是协同性，这指的是在治理过程中，各个环节、各方力量的相互配合与协调，以实现治理目标的最大化。协同性的特点体现在多个方面，包括系统性、动态性、综合性和协调性等，这些特点共同作用，使全链条协同治理能够有效地应对复杂的治理挑战。

协同性具有综合性。综合性指的是全链条协同治理不是仅关注某单一领域的问题，而是综合考虑各个领域之间的相互关系和影响。在治理过程中，综合性要求将各个领域的资源、政策和措施进行综合运用，以实现治理的整体效果。在推动城市可持续发展时，既需要考虑经济增长，还需要关注社会公平和环境保护，这就要求将城市规划、产业发展、社会服务和环境管理等方面的政策和措施进行综合协调，以实现经济、社会和环境的协调发展。综合性的协同性使得治理过程能够考虑各方面的需求和影响，从而达到更好的治理效果。

协调性要求治理过程中各方能够进行有效的沟通与合作，形成合力以推动治理目标的实现。协调性不仅涉及政府内部各部门之间的合作，还包括政府与社会、市场之间的互动。在促进创新驱动发展战略实施时，政府部门需要与科研机构、企业和社会组织进行密切合作，形成创新资源的共享和协作机制。政府需要制定政策，提供支持；企业需要投入资金和技术；科研机构需要提供研究成果；社会组织则需要进行宣传和推广。各方的有效协调能够形成强大的合力，推动创新驱动发展战略的实施。

治理过程中的各方需要建立信息共享机制，以提高决策的科学性和准确性。在交通管理领域，城市交通部门需要与交通规划部门、公共交通运营公司和市民进行信息共享，以优化交通规划和管理措施。通过信息共享，各方可以对问题达成共识，从而在决策过程中做出更为准确和有效的选择。知识传递则涉及经验的积累和传播，通过总结和分享成功的经验与失败的教训，可以提升治理水平。

全链条协同治理的协同性还表现在对目标的一致性和对策略的协调性上。在治理过程中，各方需要对共同的治理目标达成一致，以明确各自的责任和分工。各方通过统一目标和协调策略，可以避免因各方利益和目标不一致而导致的资源浪费与效果降低。

二、全链条协同治理的基本原则

（一）以人为本

在全链条协同治理的基本原则中，"以人为本"是核心原则之一。这个原则强调在治理过程中，必须将人的需求、权益和福祉放在首位，确保治理的每个环节都能以满足人们实际需求为出发点。以下是对这一原则的详细阐述。

以人为本的原则要求在全链条协同治理中，必须充分考虑人的需求和权益。这意味着治理的各个环节，即从政策制定到执行，再到效果评估，都必须围绕着人们的实际生活和利益展开。在政策制定阶段，必须通过调查研究、数据分析等方式，深入了解不同群体的需求，确保政策的方向和内容能够真正解决他们面临的问题。在制定社会福利政策时，政府需要了解低收入家庭、老年人、儿童等特殊群体的具体需求，并根据这些需求来设计相关的福利措施，而不是单纯依靠行政命令来解决问题。

以人为本的原则强调参与和互动。在全链条协同治理中，各方参与者的意见和建议必须得到重视，公众参与是实现以人为本的关键。政府应当建立有效的沟通机制，广泛听取公众意见，鼓励公众参与治理过程，从而确保政策和措施更符合人们的实际需求。在制定城市规划政策时，政府可以通过公示、听证会等形式，广泛征求居民的意见，确保规划方案能够反映居民的实际需求和期望。公众参与不仅能提高政策的科学性和合理性，还能增强政策的透明度和公信力，使治理过程更加民主和开放。

以人为本的原则要求在全链条协同治理中注重公平和正义。治理措施必须在设计和实施过程中考虑到社会公平，避免出现资源分配不均或利益受损的情况。特别是在社会资源的配置上，要优先照顾那些经济条件较差、社会地位较低的群体，确保他们能够享受到应有的权益和服务。在公共服务领域，如教育、医疗、住房等，政府应当制定公平的资源分配方案，确保所有人群，特别是弱势群体，能够平等地享受公共服务资源。

以人为本的原则还体现在保障人的基本权利上。全链条协同治理过程中必须尊重和保护个人的基本权利，如知情权、参与权、表达权等。治理措施和政策的实施不应侵害个人的基本权利，而应当在法律框架下进行，保障每个人的合法权益。在社会管理和公共安全领域，政府应当在加强社会管理时尊重个人隐私权，避免不必要的干预和损害。政策和措施的制定与执行应遵循法律程序，确保每个公民的权利都能够得到有效的保护。这不仅包括物质生活条件的改善，还包括人的精神文化需求和社会参与的机会。治理措施应当促进人的全面发展，提升人的生活质量。政府可以通过改善教育资源、丰富文化活动、提供职业培训等方式，助力人们的全面发展，增强他们的幸福感和满意度。特别是在面临重大社会问题或危机时，如自然灾害、公共卫生事件等，政府和相关机构应当及时提供援助和支持，帮助受影响的群体渡过难关。这种支持不仅是指物质上的救助，还应包括心理上的关怀和社会上的帮助。在公共卫生事件发生时，政府应当提供医疗救助、心理咨询、信息支持等综合服务，确保受影响者能够获得全面的帮助和支持。

全链条协同治理过程中应当建立有效的反馈机制，及时了解治理措施的实施效果，听取人民群众的意见和建议，不断改进和优化治理措施。反馈和改进确保治理措施能够与时俱进，真正满足人们不断变化的需求。政府可以通过定期的社会调查和民意测评，了解政策实施的实际效果，并及时调整和优化政策，确保其更好地服务于公众。

（二）法治保障

全链条协同治理的实施离不开有力的法治保障。法治是全链条协同治理的基石，它为治理活动提供了明确的法律框架、稳定的制度保障和有效的权利保护。通过法治保障，全链条协同治理能够确保各方的权利与义务明确、治理过程公正透明、解决问题合法合规，从而提高治理的效果和增强社会的稳定性。

法治保障为全链条协同治理提供了明确的法律框架。在全链条协同治理中，各个环节涉及的部门和领域较多，治理任务复杂多样，若没有一个明确的法律框架作为支撑，各方的职责、权限、行为规范和相互关系可能会出现混乱，通过制定和完善相关的法律法规，为全链条协同治理提供一个清晰的法律框架，使各方能够在明确的法律指引下开展合作。在环境治理领域，制定《环保法》《污染物排放标准》等法律法规明确了政府、企业和公众在环境保护中的权利和义务，为协同治理提供了法律依据和行动指南。

法治保障有助于维护全链条协同治理的公正性和透明性。在协同治理过程中，各方的合作和互动必须基于公正和透明的原则。如果缺乏有效的法律约束和监督机制，可能会导致利益冲突、权力滥用、信息不对称等问题。法治保障通过建立法律监督和问责机制，确保治理过程中的各项活动符合法律规定，杜绝腐败和不公正的行为。在公共资源的分配中，法律法规的规定和监督确保资源分配的公正性和透明度，防止不正当的干预和利益输送，从而提高全链条协同治理的公信力和有效性。

全链条协同治理涉及的主体包括政府部门、企业、社会组织和公众等，各方的行为必须在法律框架内进行。法治保障通过明确各方的权利、义务和行为规范，确保各方在协同治理中的行为合法合规。法律可以规定政府部门在信息公开和决策过程中保持公开、透明，要求企业遵守环保标准和社会责任，要求公众合法表达意见和建议。这样，法治保障就能够有效地规范各方行为，促进各方按照法律规定履行职责，从而保证全链条协同治理的顺利进行。

在全链条协同治理中，社会公平和弱势群体的权益保护是一个重要目标。法治保障通过设立法律保障机制和救济途径，确保弱势群体的合法权益不受侵害。法律可以规定对弱势群体提供优先保障、补贴政策，设立投诉和申诉机制，保障其在治理过程中的合法权益。这些法律保障措施能够进一步提升全链条协同治理的公平性和包容性，确保所有社会成员都能平等享受治理成果。

法律法规的稳定性和连续性能够为治理过程提供长期的制度保障，防止因政策变化或外部干扰导致治理活动中断或失效。通过建立和完善法律体系，确保法律得到持续有效的实施，能够为全链条协同治理提供长期稳定的支持。社会保障体系通过法律规定的相关保障政策，确保保障措施得到持续有效的实施，避免因政策变动导致保障措施失效，从而提高治理的可持续性。

法律不仅是约束和规范，还能够为治理创新提供指导和支持。适应新情况、新问题的法律法规，能够引导和促进治理的创新。在数字治理中，法律可以规定数据使用和隐私保护的规则，促进数据共享和利用的合法合规，从而有力推动数字治理的创新和发展。法治保障能够为全链条协同治理中的创新活动提供合法的框架和支持，有力推动治理模式和手段的不断优化与提升。

（三）共建共享

全链条协同治理的基本原则之一是"共建共享"，这一原则强调在治理过程中，需要各方利益相关者的共同参与和资源共享,以实现治理目标的最大化。"共建共享"原则在实际应用中具有广泛的影响和深远的意义,它不仅能提升治理效果,还能够促进社会的公平与和谐。

共建共享原则体现为各方的共同参与。全链条协同治理要求不同的利益相关者,包括政府、企业、社会组织以及公众等,积极参与到治理过程中。这种共同参与的机制可以确保治理的全面性和多样性。政府部门在制定政策时,可以依靠社会组织和公众的反馈来改进政策内容,使其更贴近实际需求;企业则可以通过参与到政策的实施和评估中,提供专业的意见和技术支持;社会组织可以通过宣传和教育,增强公众的参与意识。这种多方参与的机制能够有效整合各方的资源和优势,形成合力推动治理目标的实现。

共建共享原则强调资源共享。在全链条协同治理中,资源共享是实现高效治理的关键。治理过程中的资源包括资金、信息、技术、经验等,这些资源的合理共享可以避免重复投入和资源浪费,有效提高治理效能。在公共基础设施建设中,政府可以与企业合作,共同出资建设和管理,通过资源的共享实现基础设施的优化配置。信息共享也是共建共享的重要方面,通过建立信息共享平台,各方可以实时获取相关数据,避免信息孤岛,提升决策的科学性和有效性。在知识共享方面,通过总结和传播成功经验,各方可以相互学习,不断提升治理水平和能力。

在治理过程中,各方通过共同参与和资源共享,不仅能够分享治理带来的成果,还需要共同承担可能的风险和挑战。在生态环境保护方面,政府、企业和社会组织共同参与治理,能够共同享受良好环境带来的社会效益;各方也需要共同承担环保措施带来的成本和风险。利益和风险的共同承担可以促进各方的积极性和责任感,确保治理措施有效实施。

在治理过程中,各方的共同参与和资源共享需要在公平和透明的基础上进行。这意味着,治理决策需要充分听取各方的意见,确保各方的利益得到平等对待;治理过程中的资源分配和使用需要公开、透明,以便各方能够参与和监督。这种公平和透明的原则能够增强各方对治理过程的信任,提升治理的公正性和有效性。

在实际操作中,共建共享的原则也需要结合具体的治理目标和环境进行灵活调整。在城市管理中,共建共享可以体现在社区参与和资源整合上。政府可以通过社区自治组织,鼓励居民参与到城市管理和公共服务中,提升服务的针对性和有效性。政府还可以与企业合作,共同投资建设城市基础设施,通过资源共享和优化配置,提高城市管理的整体水平。在环境保护方面，共建共享的原则可以通过推动企业和社会组织参与环境治理项目，营造全社会共同保护环境的良好氛围，进而实现环境资源的可持续利用。

在实际操作中，各方需要通过法律法规、政策措施以及制度建设，来确保共建共享的原则能够有效实施。可以通过制定相关法律法规，明确各方的权利和责任，规范资源的共享和利益的分配；通过建立信息共享平台，推动数据和知识的开放与共享；通过设立监督机构，确保治理过程的公平和透明。这些机制和制度的建设，可以为共建共享的原则提供有力的保障，进而提升治理的整体效能。

第三节 全链条协同治理在包装行业的应用

一、全链条协同治理在包装行业的意义

（一）提高资源利用效率

全链条协同治理在包装行业的意义主要体现在提高资源利用效率、优化供应链管理、促进可持续发展以及提升行业竞争力等方面。以下是对此方面的详细探讨。

全链条协同治理有助于显著提高包装行业的资源利用效率。包装行业涉及的环节众多，包括产品设计、原材料采购、生产加工、物流运输、回收处理等。其中，每一个环节都对资源的使用产生影响，而传统的治理模式往往在各个环节之间存在信息孤岛和协调难度的问题。全链条协同治理可以实现对整个生产过程和供应链的综合管理与优化，从而有效地减少资源浪费，提高资源利用率。

在原材料采购阶段，全链条协同治理可以实现对供应商的选择和管理的优化，确保采购的原材料质量和供应的稳定性。生产加工环节可以根据实际需求和市场反馈，及时调整生产计划和工艺参数，减少生产过程中产生的废料。产品设计阶段采用环保设计和循环设计理念，考虑到材料的回收再利用和减少包装材料的使用，能够有效降低对资源的消耗。同时，通过优化物流运输环节，减少运输中的资源浪费和能耗，也能进一步提高资源的利用率。

全链条协同治理能够优化包装行业的供应链管理。包装行业的供应链涉及原材料供

应商、生产厂家、物流公司、分销商等多个环节。然而，传统的供应链管理往往存在信息不对称、协调困难、响应速度慢等问题。全链条协同治理通过建立信息共享平台和协作机制，使各个环节能够实时获取和共享信息，从而提高供应链的透明度和响应速度。

利用信息技术手段，如大数据、云计算等，可以实现对供应链各环节的实时监控和分析，帮助企业及时掌握市场需求变化和供应链状况，优化库存管理和生产计划。通过信息共享和各方协同，各个环节能够更好地配合，从而减少库存积压，降低物流成本，提高整体供应链的运作效率。这种优化不仅能提升企业的竞争力，还能增强整个行业的供应链韧性和稳定性。

全链条协同治理还对包装行业的可持续发展具有重要意义。随着人们环境保护意识的增强和国家相关法规政策的出台，包装行业面临着越来越大的环保压力。而全链条协同治理能够通过系统化的管理，推动行业在节约资源和保护环境等方面的进步。

在环保方面，全链条协同治理可以实现对包装材料的全生命周期管理，包括材料的选择、生产过程、使用环节以及废弃后的回收处理。企业可以通过优化材料选择，使用可降解或可回收的环保材料，减轻包装材料对环境的影响；在生产过程中，实施节能减排措施，可以降低生产对环境的影响；在产品使用阶段，推广绿色消费理念，鼓励消费者减少对一次性包装的使用；在废弃物处理环节，建立高效的回收体系，推动包装废弃物的资源化利用，进而实现包装行业的可持续发展。

（二）降低环境污染

全链条协同治理在包装行业的意义主要体现在降低环境污染方面。包装行业作为现代经济中不可或缺的一部分，随着其产品在全球范围内的广泛使用，其生产和消费过程中对环境的影响也日益受到人们的关注。全链条协同治理通过整合行业内外各方资源，提升治理效率和效果，对于减少包装行业的环境污染具有重要意义。

全链条协同治理可以在包装产品设计阶段有效减少环境污染。包装行业的环境影响很大程度上取决于包装材料的选择和设计。全链条协同治理通过引入多方参与机制，能够在设计阶段进行环境影响评估。企业可以与环保组织合作，研究和开发更加环保的包装材料，如可降解材料和再生材料。政府部门可以制定激励政策，鼓励企业采用环保设计。这种多方协同能够在源头上减少对环境的污染。例如，某些企业在全链条协同治理的推动下，开发了可降解的生物基塑料，减少了对传统石油基塑料的依赖，从而减少了塑料废弃物对环境的污染。

在包装生产过程中，全链条协同治理能够优化资源使用，减少环境污染。包装生产涉及大量的原材料消耗和废弃物排放，生产过程中的资源利用效率直接影响环境负担。通过协同治理，各方可以共同推动资源循环利用和废弃物管理。包装生产企业可以与回收公司合作，建立废料回收系统，将生产过程中产生的废弃物进行再处理和再利用。政府部门可以提供政策支持，推动绿色生产技术的应用，减少生产过程中的废弃物排放。这样的协同合作不仅能够降低生产过程中的资源浪费，而且能够减少对环境的污染。

包装行业的物流和运输环节同样会带来大量的碳排放和环境负担，通过协同治理，可以实现物流优化，降低运输过程中的环境影响。企业可以与物流公司合作，采用环保型运输工具，如电动卡车和低排放车辆，减少运输过程中的碳排放。政府部门可以制定相关标准，推动绿色物流的发展。通过信息技术的应用，如大数据和智能运输管理系统，可以优化运输路线，减少运输中的资源消耗和碳排放。全链条协同治理能够在物流和运输过程中提高资源利用效率，减少环境污染。

在包装消费和废弃物管理阶段，全链条协同治理也发挥着重要作用。包装产品的消费和废弃物处理是全链条中的最后环节，但对环境的影响却非常显著。通过协同治理，各方可以共同推进包装废弃物的回收和处理。企业可以通过设计便于回收的包装产品，鼓励消费者参与回收。政府部门可以出台政策，设立回收站点和处理设施，推动包装废弃物的分类和回收。社会组织和公众也可以参与宣传教育，增强回收意识并提高参与度。通过这种全链条的协同努力，可以显著减少包装废弃物对环境的污染，提高资源的回收利用率。

技术创新是减少环境影响的关键因素，通过协同治理，各方可以共同推动技术的研发和应用。企业可以与科研机构合作，开发新型环保包装材料和生产工艺。政府部门可以提供技术和资金支持，鼓励技术创新。企业通过这样的协同合作，可以推动环保技术的快速发展和广泛应用，从而降低包装行业对环境的影响。

全链条协同治理强调各方的合作与互动，有助于形成行业内外的环保共识。企业可以通过与环保组织的合作，学习和推广环保管理经验与最佳实践。政府部门可以通过立法和政策引导，推动行业向绿色发展转型。公众的环保意识也能够通过教育和宣传得到增强，从而推动全社会对包装行业环保的支持和重视。通过这种综合治理和共同努力，能够促使包装行业实现绿色转型，进而减少环境污染。

二、全链条协同治理在包装行业的具体应用

（一）信息共享与协同管理

在包装行业，通过信息共享与协同管理的方式，全链条协同治理可以显著提升行业的运营效率，降低成本，并推动可持续发展。具体而言，这种治理模式涉及从原材料采购、生产制造、物流配送到市场营销及消费者反馈等多个环节，可以通过信息共享与协同管理实现各个环节的优化和协作。

信息共享是包装行业全链条协同治理的核心。信息共享包括市场需求、供应链信息、生产数据、物流信息和消费者反馈等多个方面。企业通过建立一个综合的信息共享平台，使各环节的参与者可以实时获取所需的最新数据和信息，从而迅速做出决策，优化操作流程。

在原材料采购阶段，包装企业与供应商之间的信息共享至关重要。通过共享市场需求预测和生产计划，供应商可以提前调整生产计划和库存水平，确保原材料的及时供应。包装企业可以将对某种原材料的需求量和时间需求预测提供给供应商，供应商则可以根据这些信息调整生产和配送安排，从而避免由于信息不对称导致的原材料短缺或过剩问题。这种信息共享机制不仅提高了供应链的响应速度，还降低了原材料采购的成本。

在生产制造环节，信息共享和协同管理能够提升生产效率与产品质量。通过实时监测生产数据和设备状态，企业能够迅速识别生产中的问题并及时解决。传感器和数据分析技术可以实时监控生产设备的运行状态和生产线的生产效率。当设备出现故障时，系统可以自动报警，并将故障信息传递给维修团队，缩短维修时间，减少生产停顿。这种实时的数据共享和问题反馈机制，能够极大提高生产线的稳定性和生产效率。

物流配送环节的信息共享同样重要。通过共享物流信息，包装企业可以实时跟踪货物的运输状态，优化物流路线和配送安排。通过 GPS 技术和物流管理系统，企业可以随时获得货物的实时位置，预测到达时间，并根据实时交通情况调整配送路线。这种信息共享能够降低物流成本，提高配送效率，确保客户能按时收到货物。此外，物流公司也可以根据企业的需求变化，灵活调整运输资源，提升物流整体的运作效率。

市场营销和消费者反馈也是全链条协同治理中的重要环节。通过信息共享，包装企业能够及时了解市场需求的变化和消费者的反馈，从而优化产品设计和市场策略。包装企业可以通过社交媒体、在线调查和销售数据分析，获取消费者对包装设计的反馈信息。

这些信息可以帮助企业了解消费者的偏好，及时调整包装设计，以提高产品的市场竞争力。企业还可以通过信息共享平台，将市场营销数据和销售预测信息传递给生产与供应链管理部门，从而实现市场需求和生产能力的协调匹配，有效减少库存积压和缺货问题。

协同管理则在全链条协同治理中扮演着重要角色，它包括制定和实施共同的管理标准与流程，协调各方的工作，解决潜在的冲突和问题。协同管理的核心是建立有效的沟通机制和合作模式，实现各环节的无缝对接。

在全链条协同治理中，建立跨部门和跨企业的沟通机制是至关重要的。包装企业可以与供应商、生产厂商、物流公司和销售渠道建立定期的沟通机制，分享运营计划、需求预测和市场变化信息。这种沟通机制可以帮助各方及时了解彼此的需求和情况，及时协调、解决可能出现的问题，确保整个供应链顺畅运行。

制定共同的管理标准和流程也有助于提升协同管理的效果。包装行业可以制定统一的质量标准和安全规范，确保各环节在生产和配送过程中遵循相同的标准，这不仅提高了产品的质量和安全性，还减少了因标准不一致导致的质量问题和纠纷。通过建立标准化的操作流程，各环节可以更加高效地进行协作，进一步提升整体运营效率。

解决潜在的冲突和问题也是协同管理的重要内容。在全链条协同治理中，各方可能存在不同的利益诉求和工作方式，因此需要通过协同管理机制来解决潜在的冲突。在生产和物流环节之间，可能会因为生产计划的变化导致物流安排的调整。通过建立协调机制，企业之间可以及时沟通，达成一致的解决方案，确保生产和物流环节的顺利衔接，有效减少因冲突导致的效率损失。

（二）绿色包装与资源整合

全链条协同治理在包装行业中的具体应用，特别是在绿色包装与资源整合方面，彰显了其在推动环保进程，提高资源利用率和实现可持续发展中的巨大潜力。以下是对这些具体应用的详细探讨。

绿色包装是全链条协同治理在包装行业中的重要应用之一。绿色包装不仅注重包装材料的选择，还涉及包装设计、生产过程、使用环节以及废弃物的回收处理等多个方面。全链条协同治理通过系统化的管理和协作，满足绿色包装的各项要求，从而推动包装业的环保进程。

在绿色包装的材料选择方面，全链条协同治理要求各方参与者共同合作，推动环保材料的研发和应用。生产企业与材料供应商可以通过信息共享和技术合作，开发新型环保包装材料，如可降解塑料、再生纸板、生物基材料等，这些材料在生产和使用过程中对环境的影响较小，有助于减少包装对资源的消耗和环境污染。企业应积极鼓励材料供应商进行绿色认证，确保采购的包装材料符合环保标准。

在包装设计方面，绿色包装强调减少材料的使用量和优化设计，以降低资源消耗。全链条协同治理要求设计师、生产商和物流公司等各方紧密协作，确保设计方案能够兼顾功能性和环保性。通过采用轻量化设计，减少包装材料的使用量；通过模块化设计，降低包装废弃物的产生；通过改进包装结构，优化产品的装箱方式和运输效率。这些设计改进不仅能够降低包装成本，还能够减少资源的消耗，减轻环境的负担。

在生产过程中，绿色包装的实施需要生产企业采用节能减排技术，减少生产对环境的影响。全链条协同治理可以通过优化生产工艺、引入先进设备和管理手段，提升生产过程中的资源利用效率。生产企业通过使用节能设备、提高生产线的自动化水平、优化生产流程等措施，能够有效降低能源消耗。生产企业还可以与供应商和回收企业合作，推动生产废料的回收再利用，从而实现资源的闭环利用。

在产品使用和废弃物处理方面，绿色包装强调对包装废弃物的有效回收和处理。全链条协同治理要求各方建立完善的回收体系，推动包装废弃物的分类回收、再利用和资源化。企业可以与物流公司合作，建立包装回收点，鼓励消费者将废旧包装送回企业进行处理。政府和社会组织可以协助推动相关法规和政策的实施，进一步规范包装废弃物的回收和处理流程。企业还可以通过宣传教育，增强公众的环保意识，鼓励他们积极参与包装废弃物回收活动。

资源整合是全链条协同治理在包装行业中的另一重要应用。资源整合旨在通过优化资源配置和提升资源利用效率，降低生产成本，减少资源浪费，实现可持续发展。全链条协同治理通过协调各方利益，推动资源的有效整合和优化配置，从而实现行业的资源节约和效益提升。

在原材料采购方面，资源整合要求企业与供应商建立紧密的合作关系，共享资源和信息，从而优化采购决策。通过整合多个企业的采购需求，可以实现大规模采购，降低采购成本。企业可以与供应商共同开发新材料，推动材料的创新和升级，提高资源的利用效率。同时，通过与供应商协同合作，还可以推动供应链的绿色转型，确保采购的材料符合环保标准。

在生产加工方面，资源整合强调生产资源的优化配置和利用，通过引入先进的生产技术和管理手段，可以提高生产效率，减少资源浪费。企业可以通过与其他生产企业合作，进行资源共享，如设备共享、生产线共享等，从而降低生产成本。生产企业还可以通过优化生产计划，合理安排生产时间和工艺，进一步提高资源利用率。

在物流运输方面，资源整合要求优化运输网络和配送方式，以降低物流成本和能耗。通过全链条协同治理，可以实现对物流运输的综合管理，包括优化运输路线、提高装载效率、降低运输成本等。物流公司可以与包装企业合作，改进包装设计，以减少运输中的损耗和浪费。企业可以运用信息技术手段，如大数据分析和智能物流系统，实时监控运输过程，优化运输安排，从而提高物流效率。

在废弃物处理和资源回收方面，资源整合强调建立高效的回收体系和资源化利用机制。全链条协同治理要求企业、政府和社会组织共同合作，推动废弃物的分类回收、资源化处理和循环利用。企业可以与回收企业合作，建立废弃物回收网络，推动废弃物的资源化利用。政府可以制定相关政策和法规，规范废弃物的处理流程，鼓励企业和公众积极参与废弃物的回收与处理。

第四节 全链条协同治理的机制与模式

一、全链条协同治理的机制

（一）法律法规保障机制

在全链条协同治理的机制中，法律法规保障机制扮演着至关重要的角色。法律法规为治理活动提供了明确的制度框架和行为规范，确保各方在协同治理过程中遵循法定程序，减少治理中的不确定性和争议，保障治理目标的实现。法律法规保障机制不仅涉及法律法规的制定与执行，还包括法律监督、权利救济和法律责任等多个方面。这些机制共同作用，形成一个完整的法律保障体系，为全链条协同治理提供强有力的支持。

法律法规的制定是构建全链条协同治理保障机制的基础。法律法规为协同治理提供了明确的规范和指引，包括各方的权利和义务、行为标准和程序要求等。在全链条协同治理过程中，涉及的部门、企业和社会组织需要按照法律法规行动，以确保治理过程的合法性和有效性。在环境治理领域,《环境保护法》《污染物排放标准》等法律法规可以明确企业的环保责任和政府的监管职能,以指导各方在治理过程中的具体行为。相关法律法规能够为全链条协同治理提供坚实的法律基础,使治理活动在法律框架内进行,从而减少法律风险和争议。

法律法规的执行是确保全链条协同治理有效实施的关键。法律法规的执行涉及政府部门、企业和社会组织等多个主体,要求各方按照法律规定履行相应的职责。政府部门需要严格执法,监督企业和社会组织的行为是否符合法律要求;企业需要按照法律规定进行生产和运营,履行环保和社会责任;社会组织则需要参与监督和评价,促进法律法规的落实。通过法律法规的执行,可以确保全链条协同治理的各项措施得到有效实施,推动治理目标的实现。政府部门通过定期检查和审计,确保企业的环保措施到位,减少环境污染;企业通过实施环保生产工艺,降低生产过程中的废物排放,从而减少环境污染。

法律监督机制包括对法律法规执行情况的监督、对违法行为的查处和对法律责任的追究。法律监督可以及时发现并纠正法律实施中的问题,维护法律的权威和公正。为此,国家可以设立专门的环境保护监督机构,对企业环保行为进行检查和评估;公众和社会组织可以通过投诉和举报,促使违法行为得到纠正。法律监督机制的建立和完善,可以增强法律的执行力和约束力,提高治理过程的透明度和公正性,确保各方在协同治理中的行为合法合规。

在全链条协同治理中,涉及的各方可能会遇到权益受损或法律纠纷的情况。权利救济机制提供了法律救济和维权的途径,确保各方的合法权益得到保护。法律规定当事人在遇到权益受损时,可以通过诉讼、仲裁等法律途径寻求帮助,同时,政府部门和司法机构需要为权益受损的各方提供有效的法律支持和救济措施。企业在受到不公正的处罚时,可以通过法律途径提出申诉;公众在遇到环境污染问题时,可以通过法律手段要求治理和赔偿。权利救济机制可以保护各方的合法权益,提高治理过程中的公平性和公正性。

法律责任机制是法律法规保障机制的核心部分。法律责任机制包括对违法行为的处罚和对法律义务的追究。法律责任机制可以对违反法律法规的行为进行惩戒,从而维护法律的严肃性和权威性。企业在违反环保法规时,可能面临罚款、停产整顿等处罚;政府部门在未履行监管职责时,可能面临问责和追责。法律责任机制的建立和完善,能够促使各方在全链条协同治理中遵守法律规定，减少违法行为，进而提高治理效果。

法律法规保障机制还需要与其他治理机制相结合，形成有效的协同作用。法律法规与政策机制相结合，可以在法律框架内制定和实施相应的政策措施；法律法规与技术机制相结合，可以通过技术手段支持法律法规的执行和监督。这种机制的综合运作可以提升全链条协同治理的效率和效果。在推动绿色生产和消费的过程中，可以通过法律法规规定环保标准，通过政策机制提供激励和支持，通过技术手段监测和评估，以实现全面的治理目标。

全链条协同治理中的法律法规保障机制还需要不断适应新情况和新问题。随着社会的发展和治理环境的变化，法律法规需要及时更新和完善，以适应新的挑战和需求。随着数字化和信息化的推进，数据保护和隐私权问题成为新的治理挑战，需要通过新的法律法规进行规范和保护。法律法规保障机制需要具备灵活性和前瞻性，以便及时调整和更新，以应对不断变化的治理需求。

（二）协同管理机制

全链条协同治理的机制是确保不同环节、部门和利益相关者有效协作的核心机制。协同管理机制作为这一整体机制的重要组成部分，通过建立协调和合作的框架，能够实现资源的优化配置、效率的提升以及目标的一致性。具体而言，协同管理机制包括信息共享机制、沟通协调机制、合作协议机制、绩效评估机制和冲突解决机制等多个方面。这些机制相互作用，共同推动全链条治理的顺畅运行。

信息共享机制是协同管理机制的基础。信息共享机制的核心在于打破信息孤岛，实现各环节、部门和利益相关者之间的信息互通，建立信息共享平台是实现这一目标的重要手段。在包装行业中，信息共享平台可以涵盖生产计划、原材料采购、物流配送、市场需求以及消费者反馈等多个方面。通过建立集中的信息管理系统，各方可以实时获取最新的数据和信息，及时调整各自的工作计划。包装企业可以通过信息共享平台向供应商提供生产计划和需求预测，供应商则可以根据这些信息调整原材料的生产和供应安排。这种信息的及时共享和反馈机制能够减少由于信息滞后导致的资源浪费和效率低下的情况，进而提高整个供应链的运作效率。

沟通协调机制是确保各方有效合作的重要手段。沟通协调机制包括定期会议、协作平台和反馈机制等。其中，定期会议可以为各方提供一个交流和讨论的平台，及时解决在合作过程中出现的问题。协作平台则是一个线上工具，方便各方随时随地进行沟通和协作。反馈机制则允许各方对工作进展、问题和挑战进行实时反馈，从而帮助发现潜在问题并进行调整。在实际操作中，包装企业可以定期与供应商、生产厂商、物流公司和销售渠道召开会议，讨论生产计划的调整、物流安排的优化，以及市场变化的应对策略。通过这些沟通协调机制，可以确保各方在合作过程中保持一致，从而提高协同效率。

合作协议机制是协同管理中规范各方合作关系的重要手段。合作协议通常包括合同条款、责任分工、绩效目标以及违约处理等内容。明确的合作协议可以帮助各方厘清责任和义务，减少因责任不明确而导致的纠纷。在包装行业中，包装企业与供应商签订的合作协议可以明确原材料的质量标准、交付时间和价格条款，从而确保供应商按照约定提供符合要求的原材料。合作协议还可以包括绩效目标和考核机制，确保各方按照既定目标进行工作，并在合作过程中保持高水平的绩效。

绩效评估机制是协同管理机制中的另一个重要方面。定期的绩效评估可以评估各方的工作表现，发现潜在问题，并进行相应的改进。绩效评估机制通常包括指标设定、数据收集、评估分析和改进措施等环节。在包装行业中，绩效评估涵盖生产效率、质量控制、物流配送时效以及客户满意度等方面。通过对这些指标的评估，企业可以识别在生产、供应链管理和市场服务中存在的问题，并采取相应的措施进行改进。如果发现某一生产环节的效率低于预期，可以通过数据分析找出原因，并有针对性地进行设备升级或流程优化，以提高生产效率。

冲突解决机制是协同管理机制中的最后一环，它涉及在合作过程中出现的争议和问题的解决。有效的冲突解决机制可以确保各方在面对分歧和冲突时，能够通过协商和调解找到解决方案，从而维护合作关系的稳定。冲突解决机制通常包括争议解决程序、调解机制和仲裁机制等。在实际操作中，包装企业可以制定明确的争议解决程序，规定在出现争议时各方需要遵循的步骤和程序。调解机制可以通过引入第三方调解机构，帮助各方就争议问题进行沟通和协商；仲裁机制则可以在调解无效时，通过仲裁机构进行裁决，解决争议问题。

二、全链条协同治理的模式

（一）政府主导模式

在全链条协同治理的模式中，政府主导模式是一种以政府为核心的治理方式，旨在通过政府主导的组织和协调机制，实现跨部门、跨领域的协同管理。这种模式在推动政策实施、处理复杂社会问题以及促进社会发展方面，发挥了重要作用。以下是对政府主导模式的详细探讨。

政府主导模式的核心是政府在全链条协同治理中扮演主导角色，负责规划战略、制定政策、协调各方力量，并对治理过程和结果进行监督与评估。政府主导模式的实施通常包括以下几个方面。

政府主导模式强调政策的顶层设计和整体规划。在全链条协同治理中，政府通常会从宏观层面出发，制定相关的政策法规和规划方案，为治理提供方向和框架。政府在处理环境保护问题时，会制定全国性或区域性的环境保护规划，明确环境保护的目标、措施和责任分工。这种顶层设计能够确保治理工作有章可循，避免因各部门和各方力量的不协调而导致治理失效。

政府主导模式注重建立协调机制和组织结构。在全链条协同治理中，政府通常会建立跨部门、跨领域的协调机制，以解决不同部门和机构之间的协调难题。这种机制可以包括跨部门工作组、协调委员会、联席会议等形式，旨在促进各方信息共享、资源整合和行动协调。例如，政府在实施社会保障政策时，可能会设立由多个部门组成的工作组，负责协调社会保险、医疗保障和住房保障等方面的工作，确保各项措施的有效衔接和实施。

政府在全链条协同治理中，除了制定政策和规划外，还需要负责政策的执行和监督。政府通过制定具体的实施细则、分配资源、设立评估机制等方式，确保政策措施能够有效地落实。政府在推动绿色发展时，会设立专门的监管机构，负责监督企业的环保行为是否符合环保标准，并对违规行为进行处罚。这种监督机制能够确保治理措施的实施效果，提升政策的公信力和有效性。

尽管政府在全链条协同治理中扮演主导角色，但公众参与和社会组织的作用也非常重要。政府可以通过建立公众参与机制，如公开咨询、听证会、意见征集等形式，广泛听取社会各界的意见和建议，从而提高政策的科学性和合理性。政府也可以动员社会组织、企业等力量，共同参与到治理过程中，形成多方协作的局面。此外，政府在推动城市绿化时，可以组织社区志愿者、环保组织等参与到绿化活动中，共同推动城市环境的改善。

政府需要统筹协调各方面资源，确保治理措施的实施有足够的资金、技术和人员支持。通过建立资源整合机制，政府可以实现对资源的优化配置，提高资源的利用效率。政府还需要加强自身的能力，包括提升政策制定和执行能力，加强数据收集和分析能力，提高跨部门协作能力等。这些能力的提升能够帮助政府更好地应对复杂的治理挑战，实现全链条协同治理的目标。

在实际操作中，政府主导模式的应用也面临一些挑战。首先，政府需要处理好各部门和各方力量之间的协调问题，避免因部门利益冲突而影响治理效果。为此，政府需要加强沟通与协调，确保各方在治理中形成合力。其次，政府主导模式可能面临政策执行中的官僚主义和效率低下的问题。为此，政府需要简化流程，提高效率，并通过激励机制，鼓励基层部门和工作人员积极参与治理。最后，政府在推动公众参与和社会动员时，需要平衡各方利益，确保公众参与的真实性和有效性，避免出现形式化或虚假参与的情况。

（二）企业参与模式

在全链条协同治理的模式中，企业参与模式是一个重要的组成部分。企业作为经济活动的主体，在全链条协同治理中扮演着关键角色。企业的参与不仅涉及自身运营和管理的改善，还包括在整个供应链、生产链和消费链中的协作。企业积极参与可以有效推动治理目标的实现，降低环境影响，提升社会责任意识，并实现可持续发展。

企业参与全链条协同治理的一个重要方面是提升自身的环境和社会责任意识。企业在生产和运营的过程中，通常会造成大量的资源消耗和废弃物排放，这些行为会对环境和社会产生直接影响。因此，企业的参与模式包括在自身运营中实施绿色生产、节能减排和社会责任项目。企业可以通过引入先进的生产技术和设备，减少资源消耗和污染物排放；实施清洁生产工艺，优化生产流程，从而降低对环境的影响。企业还可以积极参与社会公益活动，履行企业的社会责任，如捐赠、社区服务等。这种自我优化和社会责任的履行，不仅能提升企业的形象和竞争力，还能为全链条协同治理提供坚实的基础。

企业参与全链条协同治理还包括与供应链和合作伙伴的协作。现代供应链复杂且全球化，企业在整个供应链中的管理和协调对于实现全链条的治理目标至关重要。企业需要与供应链上下游的合作伙伴共同制定和实施环保及社会责任标准。企业可以与原材料供应商合作，确保供应的原材料符合环保标准；与分销商和零售商合作，推动绿色包装和物流的发展；与废弃物处理公司合作，实现废弃物的回收和再利用。这种跨企业的协作能够实现全链条的资源优化和环境保护，提高整个供应链的治理效果。

企业还可以通过参与行业协会和标准制定机构，推动行业内的共同治理。行业协会和标准制定机构通常负责制定行业标准和规范，推动行业的技术进步和管理优化。企业可以通过参与这些组织，推动行业内的环境保护和社会责任标准的制定与实施。企业可以参与制定绿色供应链标准、环保产品认证标准等，推动行业整体环境和社会责任水平的提升。企业还可以通过行业协会共享最佳实践和经验，从而促进行业内部的合作和协调，提升全链条协同治理的整体效果。

企业的参与模式还包括利用信息化和技术创新，推动全链条的数字化治理。信息技术的发展为企业参与全链条协同治理提供了新的工具和手段。企业可以通过建立信息管理系统和数据分析平台，实时监测和管理生产过程中的资源消耗与环境污染。通过物联网技术，企业可以实时监控生产设备的运行状态，优化能源利用；通过大数据分析，企业可以预测和分析供应链中的风险，优化资源配置。信息化和技术创新能够提高企业在全链条治理中的管理效率和精准性，从而推动治理目标的实现。

绿色创新和产品设计不仅有助于降低生产和使用过程中对环境的影响，还有助于满足市场对环保产品的需求。企业可以通过研发和推广绿色产品，推动环保技术的应用；开发使用可再生材料的包装，减轻对环境的负担；研发节能减排的生产工艺，降低能源消耗和碳排放。企业还可以通过设计产品的全生命周期，考虑从生产、使用到废弃各个环节对环境的影响，实现全生命周期的环保管理。

政府的环保法规和政策对企业的行为有着重要的影响，企业需要积极配合和遵守相关法规，确保治理目标的实现；需要遵守排放标准和废弃物处理的规定，按时报告环保数据，接受政府的监督检查。企业也可以通过参与政策制定和倡导，推动更加合理和有效的环保政策的出台。通过这种遵守和支持，企业不仅能避免法律风险，还能为全链条协同治理提供政策支持和推动力量。

消费者的环保意识和行为对企业的环保实践有着直接的影响。企业可以通过教育和宣传，提高消费者对环保产品和绿色生活的认识；通过推广环保产品的优势，鼓励消费者选择绿色产品；通过开展环保宣传活动，增强公众的环保意识。消费者的参与和支持不仅能推动企业的环保实践，还能促进全社会对环境保护的重视。

第二章　包装可持续设计的理论基础

第一节　可持续设计的概念与原则

一、可持续设计的概念

（一）可持续设计的定义

可持续设计（Sustainable Design）是指在设计过程中考虑环境、社会和经济三个维度，通过采用环保材料、节能技术和可持续的生产方式，减少对自然资源的消耗和对环境产生的负面影响，实现设计的可持续发展的一种设计方式。

（二）可持续设计的重要性

1. 资源节约

在当今全球化和工业化迅速发展的背景下，可持续设计的重要性日益凸显。资源节约作为可持续设计的核心原则，直接影响到环境保护、经济发展和社会进步。通过有效的资源节约策略，不仅能够减少对自然资源的消耗，还能减轻对生态系统的压力，进而促进社会和经济的可持续发展。

资源节约在环境保护中扮演着至关重要的角色。传统的生产和消费模式常常导致资源的过度开采和对环境的严重污染。煤炭和石油等化石燃料的过度使用，不仅增加了温室气体的排放，还导致了空气和水源的严重污染。相比之下，采用可持续设计的方法可以大大减少资源消耗，减轻环境负担。通过优化产品的生命周期设计，提高资源利用效率，能够降低废弃物产生量，减少有害排放。设计师可以选择使用可回收或可降解的材料，以减少产品对环境的负面影响；采用能效更高的技术和工艺，可以显著降低能源消耗，从而减少温室气体的排放。

资源节约对于经济发展同样具有重要意义。资源的稀缺性和不可再生性使得其价格在市场中频繁波动,给企业和经济带来了不确定性。通过实施可持续设计,企业可以降低生产成本,提高资源利用效率,从而增强其市场竞争力。利用再生材料或节能技术可以减少对原材料的需求,进而降低生产和运营成本。从长期来看,这种节约不仅能提升企业的经济效益,还能推动行业的绿色转型,促使整个经济体系朝着可持续的方向发展。此外,资源节约也可以激发创新,推动新技术和新材料的发展,开拓新的市场,进一步促进经济增长。

资源节约还对社会进步具有深远的影响。在资源有限的情况下,合理利用和分配资源是实现社会公平和稳定的关键。传统的资源消耗模式常常导致资源的集中和贫富差距的扩大,而可持续设计则强调资源的公平分配和利用。通过提高建筑物的能源效率,减少能源开支,更多的社会成员能够享受到清洁和舒适的居住环境。资源节约还可以促进社会意识的增强,推动公众对环境保护的关注和参与,从而使全社会形成绿色的生活方式。教育和宣传能够培养公众的环保意识,能够推动绿色消费和生活习惯形成,实现社会整体的可持续发展目标。

在实际操作中,可持续设计需要综合考虑多个因素,包括资源的可获取性、生产的能源消耗、产品的使用寿命以及废弃物的处理等。设计师和工程师需要在设计阶段就考虑到这些因素,采取一系列措施以实现节约资源的目的。选择低能耗的材料和工艺,优化生产流程,提高产品的耐用性和可维修性,均能够有效减少资源消耗和环境影响。此外,还需要与供应链的各个环节紧密合作,确保从原材料采购到产品配送的每一个环节都符合可持续发展的要求。

2. 经济效益

在当今社会,随着资源紧张和环境问题的加剧,可持续设计逐渐成为各个领域的核心议题之一。可持续设计不仅关注环境保护,还兼顾经济效益,其重要性在于促进长期经济增长、降低运营成本、提升品牌价值等。以下将详细探讨可持续设计在经济效益方面重要性。

可持续设计能够大幅度降低运营成本。传统的设计往往忽视了长期的资源消耗和对环境的影响,而可持续设计则通过优化资源使用、降低能源消耗以及减少废弃物,从而有效降低运营成本。在建筑设计中,采用节能材料和技术,如高效的隔热材料和智能照明系统,可以显著减少建筑的能源消耗。这不仅降低了能源费用,还减少了维护和更新成本。采用可再生材料和模块化设计方法,可以减少建筑过程中产生的废弃物,并降低处理废弃物的费用。

可持续设计有助于提升企业的竞争力和市场份额。随着消费者环保意识的提升，越来越多的人倾向于选择那些在设计和生产过程中注重环保的产品和服务。企业通过实施可持续设计，可以满足市场对环保产品的需求，提升品牌形象和市场竞争力。许多知名品牌已经将可持续设计作为其产品开发的重要标准，以此吸引环保意识强的消费者。这种市场认同不仅带来了直接的销量增长，还提高了企业的市场地位。

随着全球对环保法规的逐步严格，企业在设计和生产过程中若不遵守相关环保要求，可能会面临罚款或法律诉讼。通过在设计阶段就考虑到可持续性，企业可以避免由于违反环保法规而产生的经济损失。政府通常会对采取可持续设计的企业提供税收优惠和补贴，这进一步降低了企业的运营成本，提高了经济效益。

在追求可持续性的过程中，企业往往需要开发新技术和采用新材料，这推动了技术的进步和产业的发展。绿色建筑领域中的许多创新技术，如智能控制系统和绿色屋顶技术，均是在追求可持续设计的过程中发展起来的。这些技术不仅提升了设计的可持续性，也为企业开拓了新的市场，并带来了额外的经济效益。

良好的可持续设计可以创造更健康的工作环境，提高员工的工作满意度和生产力。在办公空间的设计中，考虑到自然采光和良好的空气质量，可以提升员工的舒适度，减少病假和员工流失率。员工工作效率的提高不仅可以提升了企业的整体绩效，还间接带来了经济效益。

二、可持续设计的原则

（一）经济可行原则

经济可行性是可持续设计中的关键原则之一，指在设计过程中不仅要关注对环境和社会的影响，还要考虑经济效益。经济可行性的核心在于确保设计方案能够在经济上自给自足，并为所有相关方创造长期的经济价值。要实现这一目标，设计师需要综合考虑材料成本、生产工艺、维护费用以及生命周期成本等因素，以确保设计方案不仅在短期内可行，而且还能够产生长期持续的经济效益。

经济可行性要求设计师在选择材料时考虑其成本效益。材料的选择直接影响项目的预算和整体经济效益。因此，在设计过程中，需要综合考虑材料的采购成本、加工成本、运输成本以及使用寿命等因素。优质材料虽然初期投入较高，但其耐用性和较少的维护需求可能会在长期内降低总成本。相反，低成本材料可能在短期内节约费用，但其较高的维护和更换频率可能会导致长期成本的增加。因此，设计师需要对材料进行全面评估，选择既符合设计要求又具备经济可行性的材料。

在设计过程中需要优化生产工艺，以降低生产成本。生产工艺的优化不仅能够减少材料浪费，还能提高生产效率。先进的制造技术和工艺可以降低生产成本，提高产品的一致性和质量。优化生产工艺还可以缩短生产周期，提高生产效率，从而降低单位产品的成本。设计师应与生产厂家紧密合作，了解生产工艺的最新进展，并根据实际情况调整设计方案，以实现成本的最优化。

维护费用也是经济可行性中的重要考虑因素。一个设计良好的产品在使用过程中需要最少的维护，或者能够简化维护操作。过于复杂的设计可能会导致高昂的维护费用和很大的操作难度，这不仅增加了使用者的负担，也可能导致更高的总成本。因此，在设计过程中，设计师应充分考虑产品的使用寿命和维护需求，选择易于维护和修理的设计方案，从而降低运营成本。

生命周期成本分析（LCCA）是评估经济可行性的一个重要工具。生命周期成本分析不仅考虑了产品的初始购买成本，还包括了运营、维护、修理、升级和处置等所有相关成本。通过对整个生命周期的成本进行综合评估，设计师可以更准确地了解设计方案的经济效益，并据此做出更明智的决策。某些设计方案可能在初期成本较高，但由于其较低的运营和维护成本，长期来看可能更具经济可行性。因此，进行详细的生命周期成本分析有助于设计师在不同设计方案之间进行比较，从而选择最具经济效益的方案。

在实际应用中，经济可行原则还需要考虑市场需求和竞争情况。设计师需要对市场进行深入的调研，了解目标用户的需求和偏好，以及市场上的竞争状况。根据市场需求和竞争情况调整设计方案，可以提高产品的市场接受度和销售量，从而增加经济效益。设计师还应关注政策和法规的变化，这些变化可能会影响项目的经济可行性。政府可能会出台一些鼓励可持续设计的政策，提供税收优惠或补贴，这些政策都可以在一定程度上降低设计方案的经济成本，提高其经济可行性。

（二）环境友好原则

在现代设计领域中，可持续设计逐渐成为一种重要的指导思想和实践方法。其核心目标是通过创新和科学的方法，减少对环境的负面影响，实现资源的高效利用和对生态系统的保护。在众多可持续设计的原则中，环境友好原则尤为关键。该原则不仅强调减少对自然环境的伤害，还提倡在设计过程中综合考虑生态、经济和社会效益。以下是对环境友好原则的详细阐述,包括其重要性、实施策略和实际案例等。

环境友好原则的核心是减少对环境的负面影响。这一原则基于对环境保护的深刻认识,认为设计活动不仅是创造功能齐全和美观的产品,更要关注产品对环境的影响。传统的设计方法可能忽视了材料的环境足迹和生产过程中的能耗,而环境友好原则要求设计师在选材、工艺和生产环节中考虑这些因素,尽量减少对环境的损害。减少资源消耗、减少废弃物排放,以及避免使用有害物质,可以有效保护自然生态系统,防止环境污染和生态破坏。

环境友好原则强调使用可再生和可降解材料。传统材料的开采和处理常常对环境造成长期的负面影响,如森林砍伐、矿产资源枯竭等。相对而言,可再生材料,如竹子、再生塑料和生物基材料等,可以在不破坏环境的情况下提供可持续的原材料供应。可降解材料则能够在生命周期结束后自然分解,减少对填埋场的依赖,从而降低对环境的长期影响。在设计过程中,选择这些材料不仅有助于减少资源消耗,还能减轻废弃物对环境的负担。

产品的环境影响不仅体现在生产阶段,还体现在使用和废弃阶段。因此,环境友好设计需要从产品的整个生命周期入手,进行综合评估和优化。在设计阶段,可以考虑提高产品的耐用性和可维修性,以减少频繁更换带来的资源浪费。在使用阶段,可以设计节能和高效的功能,从而降低能源消耗。在废弃阶段,可以考虑产品的回收和再利用,以减轻对环境的负担。这种全生命周期的管理可以最大限度地减少产品对环境的总体影响。

能源消耗和排放是环境污染的重要来源,设计师可以通过优化设计方案来降低能耗。在建筑设计中采用高效的保温材料和节能技术,可以显著降低建筑物对能源的需求。在产品设计中采用节能的电器组件和智能控制系统,可以减少能源消耗和碳排放。资源的高效利用则要求在设计过程中最大限度地减少资源浪费,采用精确的材料配比和生产工艺,以减少材料的浪费和资源的消耗。

在生产过程中,选择环保的工艺和技术可以减少对环境的污染。使用水性涂料代替传统的溶剂型涂料,可以减少挥发性有机化合物(VOC)的排放;采用低能耗的生产设备和工艺,可以减少能源的消耗,减轻对环境的负担。先进的环保技术和工艺的引入,不仅可以提高生产效率,还能降低对环境的负面影响。

在实际应用中,环境友好原则已经被广泛地应用于各个领域。以建筑设计为例,许多绿色建筑项目都遵循环境友好的设计原则,并采用可再生能源系统,如太阳能电池板和风力发电机,以减少对传统能源的依赖。同时,这些建筑还使用了环保材料,如再生混凝土和低 VOC 涂料,减少了对环境的污染。此外,在建筑设计中还考虑了自然通风和采光,降低了对空调和照明的需求,从而节省了能源。

另一个例子是产品设计领域的可持续设计实践。许多消费电子产品的设计者在产品设计中采用了环保材料和节能技术。智能手机的外壳可以使用回收塑料,而内置的节能芯片可以降低电池的能耗。许多公司还制订了回收计划,鼓励用户在产品寿命结束后将旧设备送回公司,减少废弃物对环境的影响。

第二节 包装设计与环境保护

一、包装设计的现状

(一)市场需求的增长

随着全球化进程的加快和消费市场的多样化,包装设计作为产品营销和品牌传播的重要手段,正在经历快速的发展和变革。包装不仅是产品的外在包装,更是品牌形象的延伸和市场竞争的关键因素。近年来,包装设计的现状和市场需求的增长表现出以下几个显著的特点。

第一,环保包装需求显著增加。随着消费者环保意识的提升以及政府对环境保护法规的加强,市场对环保包装的需求也随之增长。传统的塑料包装因其难以降解和对环境的负面影响,逐渐被环保材料所取代。生物降解材料、可回收材料和可再生材料在市场上受到广泛推崇和应用。许多企业和品牌开始采用这些环保包装材料,以响应消费者对绿色产品的需求,同时也为了符合日益严格的环境法规。环保包装不仅能够减少对自然资源的消耗,还能够降低企业的运营成本和环境风险,从而在市场中占据竞争优势。

第二,智能包装成为新兴趋势。智能包装通过嵌入传感器、二维码、RFID 等技术,能够实现对产品的追踪、监控和互动。这种包装形式不仅能够提供更多的产品信息和使用指导,还能够提高消费者的购物体验和增强品牌互动。通过扫描二维码,消费者可以获取产品的详细信息、使用说明以及相关的促销活动信息。智能包装还能够提高产品的安全性,通过监测产品的状态,有效防止假冒伪劣产品的流通。这种包装形式的兴起,体现了科技在包装设计中的应用和创新,为市场带来了新的机遇和挑战。

第三，简约设计和功能性包装越来越受到重视。简约设计强调的是包装的简洁和实用，旨在通过简化设计和减少不必要的装饰来降低生产成本与资源消耗。这种设计风格符合现代消费者对简单、清晰和实用等特性的追求，也符合环保和可持续发展的趋势。功能性包装则关注包装的实用性和便捷性，例如，易开盖、重封性、便于储存等。这种设计能够提升消费者的使用体验，增加产品的附加值。

数字化和电商的兴起也对包装设计产生了深远的影响。随着电商平台的快速发展，包装设计不仅要考虑传统的零售环境，还要适应在线销售的需求。电商包装不仅需要具备良好的保护性，以确保产品在运输过程中的安全性，同时还要具备足够的吸引力，以在电商平台上吸引消费者的眼球。设计具有吸引力的外包装和运用精美的印刷技术，能够有效地提升产品的市场竞争力和销售量。数字化技术的应用还使得包装设计过程更加高效和灵活，能够更快速地响应市场需求。

（二）多样化与个性化

包装设计作为产品营销和品牌塑造的重要组成部分，近年来经历了显著的变化和发展。现代包装设计不仅是保护和运输产品的功能性需求，更在于通过创意和策略的应用，提升产品的市场竞争力和改善消费者的品牌体验。包装设计的现状可以从多样化与个性化两个方面进行阐述。

多样化是包装设计的重要趋势之一。随着全球市场的不断扩展和消费者需求的多样化，包装设计呈现出前所未有的丰富性和复杂性。产品包装不再是单一的设计方案，而是根据产品类型、市场定位以及消费者群体的不同量身定制的。为了满足不同消费者的需求，品牌和设计师不断探索新的材料、新的工艺以及新的视觉风格。比如，在食品包装方面，除了传统的纸盒、塑料瓶和罐子之外，还有越来越多的环保材料和可降解材料被用作包装材料。此类包装不仅符合环保趋势，还能通过独特的设计吸引消费者，提升品牌形象。

包装形式的多样化也体现在功能性的创新上。现代包装设计不仅考虑到美观，还越来越注重实用性和用户体验。一些产品的包装设计融入了智能技术，如二维码、RFID标签等，允许消费者通过扫描获取更多产品信息或参与互动。还有一些包装设计通过创新的开封方式或再封闭设计，为消费者提供了更加便捷的使用体验。这些功能性的创新不仅提升了产品的附加值，也丰富了包装设计的多样性。

个性化则是当前包装设计中另一显著的趋势。随着消费者对品牌和产品的认同感日益增强，个性化的包装设计越来越受到重视。个性化包装不仅能够增强消费者的购买欲望,还能够强化品牌的独特性和市场竞争力。品牌通过为产品提供定制化的包装选项,使消费者能够根据个人喜好选择包装设计,从而增加产品的吸引力。一些品牌在节日或特殊场合推出限量版包装,这不仅能够使产品更加独特,还能够激发消费者的购买热情。

在个性化方面,数字印刷技术的进步为包装设计提供了更多可能性。数字印刷能够实现高质量、低成本的小批量生产,使个性化包装不再局限于大批量生产。消费者可以选择自定义包装的图案、颜色,甚至文字,这种个性化的体验使得包装设计更加贴近消费者的需求和偏好。某些品牌在网络平台上提供自定义包装服务,消费者可以上传自己的设计图案或选择现有模板进行个性化定制。这种个性化的包装设计不仅提升了消费者的参与感,还增强了品牌与消费者之间的情感联系。

个性化包装还在品牌传播和市场营销方面发挥了重要作用。通过独特的包装设计,品牌可以在众多竞争者中脱颖而出,吸引消费者的注意力。特别是在零售环境中,包装作为产品的第一印象,直接影响消费者的购买决策。因此,品牌越来越注重包装设计的创新,以创造独特的视觉和触觉体验。这种个性化的包装设计不仅能够提升品牌的辨识度,还能极大地增强品牌的市场竞争力。

多样化与个性化的包装设计也面临一些挑战。其中,设计和生产的成本问题不容忽视。虽然多样化和个性化的包装能够带来更多的市场机会和消费者认可,但其相对较高的设计和生产成本也可能对品牌的盈利能力造成影响。设计师和品牌需要在创新与成本之间找到平衡点,以确保包装设计的经济性和可行性。

环保问题也是包装设计面临的挑战之一。随着人们环保意识的增强,消费者对包装的环保性要求也在不断提高。多样化和个性化的包装设计有时可能会导致材料的浪费和环境负担加重。因此,设计师应在满足多样化和个性化需求的同时考虑使用环保材料和可持续的生产工艺,以减少对环境的影响。

二、包装设计中的环境保护策略

(一)减量化设计

在现代包装设计领域,环境保护成了一个关键议题。随着全球环保意识的提升,如何在包装设计中减少资源消耗、降低环境影响成了设计师们面临的重要挑战。减量化设计(Design for Reduction)是实现这一目标的有效策略之一。它通过在设计过程中减少包装材料的使用量、简化包装结构和优化生产工艺,实现资源的高效利用和环境影响的最小化。以下是对减量化设计策略在包装设计中应用的详细探讨，包括其重要性、实施方法和实际案例等方面。

减量化设计在包装设计中的重要性不可忽视。传统的包装设计往往追求视觉效果和市场吸引力，导致过度使用材料，甚至产生大量的包装废弃物。这种做法不仅浪费了宝贵的资源，还增加了环境负担。减量化设计则强调在包装设计过程中优先考虑环保因素，通过减少材料使用量和简化包装结构来降低对环境的负面影响。这一策略不仅能够降低生产成本，还能减少废弃物，降低资源消耗，进而为环境保护做出贡献。

在实际操作中，减量化设计主要包括以下几个方面的策略。

首先，减少材料的使用量。材料的过度使用是包装设计中最常见的问题之一。为了减少材料的使用量，设计师可以通过优化包装尺寸和形状，根据产品的实际尺寸设计包装，避免过度设计和浪费空间。采用轻量化材料也是一种有效的方法。例如，使用薄膜材料代替传统的厚纸板，减少材料的总用量。采用创新的设计技术和材料也可以帮助减少包装的重量和体积，比如使用纳米技术开发的新型轻质材料。

其次，复杂的包装结构不仅增加了材料的使用，还可能导致生产过程中的资源浪费和环境污染。通过简化包装结构，设计师可以有效减少材料的使用和降低生产过程中的复杂性。采用单一材料或简化的包装形式（如折叠盒代替多层包装）可以减少生产和运输过程中对资源的需求。减少包装中的多余部分，如额外的填充物和装饰性元素，可以进一步降低包装对环境的影响。

再次，在包装生产过程中，生产工艺的优化可以显著降低资源消耗和环境影响。采用高效的生产设备和工艺，可以减少能源消耗和生产废料。减少生产过程中对有害化学品的使用，采用环保的生产材料和工艺，也能够降低对环境的负面影响。使用水性油墨代替传统的溶剂型油墨，减少挥发性有机化合物的排放，从而减少空气污染。

最后，在包装设计中，应用减量化设计策略的实际案例可以提供宝贵的参考。许多食品和饮料品牌已经开始采用减量化设计策略，以减少包装对环境的影响。某些品牌通过减少包装材料的厚度和重量，实现了资源的有效利用和运输成本的降低。一些饮料瓶的设计采用了更薄的塑料材料，在保持瓶子强度和安全性的同时，减少了材料的使用。一些食品包装采用可降解材料和简化的包装结构，减少了包装废弃物。

减量化设计不仅在减少材料使用和优化包装结构方面发挥作用，还涉及包装的整体设计思维。设计师需要在设计阶段充分考虑包装的生命周期，包括生产、运输、使用和废弃等环节。通过全生命周期的设计方法，可以实现资源的最优利用和环境影响的最小化。在设计包装时，可以考虑如何在产品使用结束后方便进行回收和再利用，以减轻对环境的负担。与供应链的合作也是实现减量化设计的重要因素。设计师通过与供应商和生产商密切合作，可以确保包装材料和生产工艺符合环保要求，进而实现资源的高效利用和环境影响的最小化。

（二）可再生材料使用

在当今社会，环境保护已成为全球关注的重要议题之一，特别是在包装设计领域。随着塑料污染问题的日益严重和资源消耗的增加，采用环境友好的包装材料和设计策略已成为企业的迫切需求。可再生材料的使用作为包装设计中保护环境的重要策略，受到越来越多的关注和重视。以下将详细探讨可再生材料在包装设计中的应用及其带来的环境保护效益。

可再生材料在包装设计中的使用可以有效减少对有限资源的依赖。传统的包装材料大多数来源于非可再生资源，如石油基塑料，这些材料在生产过程中消耗大量的自然资源，并且其废弃物在环境中难以降解。相比之下，可再生材料，如纸浆、竹纤维和生物降解塑料等，是来自自然资源的再生或替代材料，它们能够有效地减少对原生资源的需求。例如，纸浆和竹纤维是通过自然生长和再生过程获得的，它们的使用能够减少对木材资源的过度开采，从而保护森林生态系统。这些材料在使用后能够自然降解，减轻环境的长期负担。

可再生材料的使用有助于减少包装废弃物对环境的影响。包装废弃物是城市固体废弃物的主要组成部分之一，传统塑料包装在降解过程中会释放有害物质，对土壤和水源造成污染。使用可再生材料，如纸质包装、植物纤维和生物基塑料，不仅能减少废弃物的总量，还能降低废弃物对环境的负面影响。例如，纸质包装和植物纤维包装在降解过程中不会释放有害物质，而且可以通过生物降解或堆肥化处理，进一步减少对环境的影响。许多可再生材料还具有优良的可回收性能，使它们能够在包装寿命结束后进行回收利用，从而实现资源的循环使用。

随着人们环保意识的增强，消费者对环保产品的需求不断增加。企业采用可再生材料进行包装，不仅能够符合环保法规，还能够满足消费者对绿色产品的需求。这种市场定位不仅能够提升品牌形象，还能带来竞争优势。许多企业通过在产品包装中使用可再生材料，展现其社会责任感和环保承诺，此举吸引了大量关注环保的消费者，增加了品牌的市场份额。使用可再生材料还可以减少原材料的价格波动和供应链风险，从而带来长期的成本控制和经济效益。

随着对可再生材料需求的增加，许多企业和科研机构正在积极研发新型的环保材料和生产技术。这些技术的进步不仅扩大了可再生材料的应用范围，还提高了其性能和经济性。近年来，随着生物基塑料的生产技术不断改进，这些材料在强度、耐用性和加工性能等方面与传统塑料相当，从而增强了其在包装设计中的应用潜力。通过不断的技术创新，企业能够推出更多具有环保特性的产品，从而进一步推动包装行业的绿色转型。

许多国家和地区已经建立了完善的废弃物分类和回收制度，以促进可再生材料的回收利用。企业在设计包装时，选择易于回收的可再生材料，有助于提高回收率和资源利用效率。纸质包装和某些生物基塑料通常具备较高的回收价值，通过合理的回收体系，能够将这些材料再次利用于生产过程中，从而形成闭环经济，这不仅减少了资源浪费，还促进了可持续发展的经济模式的形成。

第三节 包装可持续设计的原则与方法

一、包装可持续设计的原则

（一）生命周期评价原则

在包装可持续设计的原则中，生命周期评价（LCA）原则扮演着至关重要的角色。生命周期评价是评估产品在其整个生命周期内对环境影响的系统化方法，涵盖了从原材料提取、生产、运输、使用到最终处置的所有阶段。通过这一方法，设计师可以全面了解包装设计对环境的影响，并在设计过程中采取措施减少负面影响，实现可持续发展。以下是生命周期评价原则在包装可持续设计中的应用。

生命周期评价的核心在于全面评估包装从生产到处置的整个过程中的环境影响，这包括原材料的提取、生产过程中的能耗和排放、产品运输和物流、使用阶段的资源消耗，以及产品最终的废弃处理。通过这种全方位的分析，设计师可以识别出包装设计中可能存在的环境问题，从而在设计阶段做出优化调整。在原材料的选择上，设计师可以优先考虑使用可再生材料或再生材料，这样能够减少资源消耗，减轻环境负担。

资源效率是衡量设计合理利用资源的一个重要指标。通过对包装设计各个环节的能耗和资源消耗进行分析，设计师能够识别出资源浪费的环节，并进行改进。在生产过程中，设计师可以优化生产工艺，减少能源和材料的消耗。通过这种方式，不仅能够降低生产成本，还能减少对环境的负面影响，进而实现资源的有效利用。

生命周期评价还关注包装设计的环境排放，包括温室气体排放、废水和废气排放等。在生产和运输过程中，包装设计可能会产生不同程度的环境污染。通过对这些排放进行量化和评估，设计师可以选择低排放的生产工艺和运输方式。采用低能耗的生产设备、选择绿色物流方案等措施，能够显著降低包装设计对环境的影响。这不仅符合环保法规和标准，还能提升品牌的环保形象。

在设计过程中，生命周期评价还可以帮助预测和评估包装设计在使用阶段的环境影响。不同的包装设计可能会对产品的使用产生不同的影响，例如，提高或降低产品的使用便捷性、影响产品的保质期等。通过对这些因素进行评估，设计师可以在设计阶段进行调整，以确保包装设计能够在实际使用中实现最优的环境效益。设计师可以设计易于拆解和回收的包装，减少用户在使用过程中的资源浪费。

废弃处理是生命周期评价中的一个重要环节，直接关系到包装设计的最终环境影响。包装产品在使用寿命结束后，需要进行合理的废弃处理，以减轻对环境的负担。设计师应考虑包装的可回收性和可降解性，选择适当的材料和设计方案，以促进包装的环保处理。设计师可以采用可回收材料或设计易于拆解的包装结构，使消费者能够更加方便地对包装进行分类和回收，这不仅减少了包装对环境的负担，还促进了资源的循环利用。

在实际应用中，生命周期评价还涉及经济性分析和社会影响的评估。经济性分析包括对包装设计的成本效益进行评估，确保在降低环境影响的同时，能够保持经济的可行性。社会影响评估则关注包装设计对社会和消费者的影响，包括用户体验、健康安全等方面。通过综合考虑这些因素，设计师可以确保包装设计不仅在环境上可持续，还能够在经济和社会层面上达到最优效果。

（二）循环经济原则

在现代包装设计中，循环经济原则已成为实现可持续发展的重要指导思想。循环经济（Circular Economy）旨在通过优化资源的使用、延长产品的生命周期和促进材料的再利用，来最大限度地减少对环境的负面影响。该原则强调将资源和材料在经济系统中循环使用，从而减少废弃物、降低资源消耗，并推动经济的可持续发展。以下是对包装设计中循环经济原则的详细阐述，包括其重要性、实施策略和实际应用案例等。

循环经济原则的核心在于打破传统的线性经济模式，即从资源开采到产品生产、使用，再到废弃的单向流动模式。传统的线性经济模式往往导致大量资源的浪费和环境污染。与之相对，循环经济强调在产品和包装的整个生命周期中，尽可能地减少资源消耗和废弃物的产生，通过设计和管理策略实现资源的循环利用和再生。包装设计作为产品的重要组成部分，其设计和管理直接影响到资源的使用效率和废弃物的处理方式。因此，将循环经济原则应用于包装设计，对于推动可持续发展具有重要意义。

在包装设计中实施循环经济原则的一个重要策略是选择可回收材料。可回收材料指的是那些能够在废弃后经过处理重新转化为原料的材料。选择可回收材料能够减少对原生资源的需求，减轻对环境的负担。例如，铝箔、玻璃和某些塑料材料具有较高的回收价值，经过回收处理后可以再次用于生产新产品。通过设计易于分离和处理的包装结构，可以进一步提高材料的回收率。此外，还可以通过与回收企业和废弃物管理机构合作，建立有效的回收体系，确保包装材料在使用结束后能够顺利进入回收链条，实现资源的循环利用。

可降解材料指的是那些能够在自然环境中通过微生物作用降解为无害物质的材料。生物基材料则是指那些来源于可再生生物资源的材料，如玉米淀粉和竹纤维。与传统的石油基塑料相比，这些材料在使用和废弃过程中对环境的负担较小。利用生物降解塑料可以减少对石油资源的依赖，同时在废弃后能够自然降解，从而减轻对填埋场的压力。设计师可以在包装设计中选用这些材料，以提高包装的环保性。

在包装设计中，循环经济原则还要求延长产品的生命周期。通过设计耐用、可重复使用的包装，可以减少对一次性包装的需求，从而降低资源的消耗。设计可重复使用的容器或包装盒，可以鼓励消费者将包装物重复利用，而不是每次使用后丢弃。设计可维修和可更新的包装结构，也有助于延长包装的使用寿命，减少资源的浪费。通过这种方式，包装不仅可以为产品提供保护，还可以在多次使用中实现资源的高效利用。

设计易于拆解的包装结构，可以方便地将不同材料分开，从而提高回收效率。在包装设计中使用单一材料或者设计易于拆解的封装，可以使回收过程更加高效和经济。还可以在包装上标明清晰的回收指示，指导消费者正确处理包装废弃物，促进包装的有效回收。通过这种方式，可以减少包装废弃物对环境的影响，推动资源的循环利用。

在实际应用中，许多企业和品牌在包装设计中积极采用循环经济原则，以实现可持续发展。一些食品和饮料品牌在包装设计中使用了可回收和可降解的材料，并通过优化包装结构和简化设计来减少材料的使用。此外，一些品牌还推出了可重复使用的包装方案，如可充填的饮料瓶和食品容器，鼓励消费者重复利用包装物。同时，一些企业还建立了全面的回收体系，与回收公司合作，确保包装材料在使用结束后能够顺利回收和再利用。这些实际应用案例不仅展示了循环经济原则在包装设计中的有效性，也为其他企业和品牌提供了宝贵的借鉴。

二、包装可持续设计的方法

（一）环境影响评估

在现代包装设计中，可持续设计的方法不仅涉及使用环保材料，还包括系统化的环境影响评估。这种评估旨在从全生命周期的角度审视包装设计对环境的影响，从原材料获取、生产、运输、使用，到废弃处理的各个环节。通过环境影响评估，企业能够更全面地了解包装设计的环境足迹，从而优化设计方案，以实现更高的可持续性。以下将详细探讨包装可持续设计的方法及其环境影响评估的实施过程。

环境影响评估的基础是生命周期评估。生命周期评估是一种系统化的方法，用于评估产品从原材料提取、生产制造、运输分销、使用维护，到最终废弃处理的全过程对环境的影响。通过生命周期评估，企业可以量化包装设计在每个环节所产生的环境影响，包括资源消耗、能源使用、温室气体排放和废弃物产生等。这种全面的评估能够帮助设计师识别出包装设计中最需要改进的环节，并指导他们在设计过程中做出更为环保的选择。

在生命周期评估的过程中，原材料的选择是一个关键因素。选用低环境影响的材料，如可再生材料和回收材料，能够显著降低包装的总体环境负荷。使用纸质包装和竹纤维等天然材料，能够减少对石油基塑料的依赖，同时这些材料在生产和处理过程中对环境的影响相对较小。另一个值得关注的方面是材料的可回收性和可降解性。选择易于回收和可降解的材料，可以减轻包装废弃物对环境的负担，促进资源的循环利用。

生产阶段的环境影响也是评估的重要内容。在包装的生产过程中，能源消耗和污染物排放是主要的环境问题。采用节能生产技术和减少废气、废水排放，是降低生产环节环境影响的有效措施。许多企业通过改进生产工艺、引入高效设备和优化生产流程来减少能源消耗和废弃物。使用环保的生产工艺，如水性涂料和无毒墨水，能够进一步减少对环境的影响。

运输和分销环节的环境影响也不可忽视。包装设计需要考虑运输过程中的体积和重量，以提高运输效率和减少碳排放。通过设计轻便且紧凑的包装，可以降低运输过程中的燃料消耗和排放，同时减少运输成本。使用可再生能源驱动的运输工具和优化物流路线，也是降低运输环节环境影响的有效方法。企业可以与供应链合作伙伴共同制定绿色物流方案，以减轻整体运输对环境的负担。

使用阶段的环境影响主要涉及消费者对包装的处理方式。易于打开、重复使用和清洁的包装设计，能够提高消费者的使用体验，并促使他们以环保的方式处理包装。设计可重复使用的包装容器或可降解的包装材料，能够减少对一次性包装的需求和废弃物的产生。此外，企业还可以通过在包装上标注清晰的回收和处理指引来引导消费者正确处理包装废弃物，从而提高回收率。

废弃处理阶段的环境影响是评估的重点之一。包装废弃物的处理方式直接影响到环境的保护。可降解和可回收包装材料能够减轻废弃物对环境的长期负担，并促进资源的再利用。企业在设计包装时，应考虑包装材料的最终处理方式，并选择那些能够在废弃后进行有效回收或降解的材料。此外，推动与废弃物处理企业的合作，建立有效的废弃物回收和处理体系，也有助于提高包装废弃物的处理效率。

（二）优化设计决策

在包装设计领域，实现可持续性是当今设计师面临的一项重要任务。包装可持续设计不仅是选择环保材料和降低废弃物产生量，还涉及优化设计决策的方方面面。有效的设计决策优化能够显著提升包装的环境性能、经济效益和用户体验。以下是一些关键方法，以帮助实现包装的可持续设计。

第一，选择环保材料是优化设计决策的重要起点。传统包装材料，如塑料和泡沫，虽然具有优良的保护性能，但其对环境的影响较大。设计师可以通过选择可再生、可回收或可降解材料来降低包装对环境的负担。诸如纸板、植物基塑料或再生纸等材料，这些材料不仅能够减少对原始资源的依赖，还能在废弃后更容易被处理。因此，在选择材料时，需要综合考虑其对产品的保护效果，以确保在不降低产品质量的前提下环保。

第二，优化包装结构和减少材料用量也是实现可持续设计的重要方法。设计师可以通过精简包装结构和设计来减少材料使用，从而降低包装对整体环境的影响。采用简约的设计理念，减少不必要的包装层次和装饰，能够显著减少包装材料的用量。采用紧凑的设计还可以提高运输效率，减少运输过程中的碳排放。此外，模块化设计和多功能设计也是优化包装结构的有效方式。模块化设计允许不同产品使用相同的包装组件，而多功能设计则使得包装不仅具备保护功能，还能被转化为其他用途，如储物盒或展示架。

第三，提升包装的可回收性和易拆解性是优化设计决策的另一个重要方面。在设计包装时，设计师应考虑包装的拆解便利性，以便消费者能够轻松将包装拆分并进行分类回收。同时，避免使用混合材料或难以分解的复合材料，这些材料在回收过程中可能会带来困难。设计师可以选择单一材料或设计易于分解的包装结构，以促进包装的回收和再利用。同时，在包装上清晰标注回收指南和材料分类信息，也能增强消费者的回收意识和参与度。

采用智能技术和数字化设计工具也能有效优化包装设计决策。现代技术的发展使得设计师能够利用数字化工具进行模拟和优化。通过计算机辅助设计（CAD）软件，设计师可以在设计阶段进行各种模拟，评估不同设计方案的环境影响和经济效益。此外，智能技术的应用，如物联网（IoT）和区块链技术，能够提供实时数据和透明的供应链信息，从而有助于优化材料选择和生产过程，提高包装设计的可持续性。

与供应链伙伴合作也是优化包装设计的重要策略。包装的可持续性不仅依赖于设计师的努力，还需要供应链各方的合作。设计师应与供应商、生产商和分销商密切合作，共同探索和实施可持续的包装解决方案。与供应商合作选择环保材料或与生产商合作优化生产工艺，都能够在整体上提高包装设计的可持续性。建立紧密的合作关系，可以实现资源共享和最佳实践的推广，进而推动整个供应链的可持续发展。

关注消费者反馈和市场需求也是优化设计决策的重要方面。随着消费者环保意识的增强和对可持续产品需求的日益增加，设计师应根据市场反馈和消费者的期望进行设计改进。通过市场调研和消费者调查，了解消费者对包装的偏好和期望，能够为设计决策提供有价值的参考。同时，品牌还可以通过教育和宣传提升消费者对环保包装的认知，鼓励更多的可持续消费行为。

第四节　全球包装可持续设计的发展趋势

一、全球包装可持续设计的发展趋势

(一)环保材料的广泛应用

全球包装可持续设计的趋势在近几年经历了显著的发展,其中环保材料的广泛应用已成为一个重要的方向。这一趋势不仅反映了社会对环境保护的关注,也促进了包装行业的创新与变革。环保材料的使用不仅能够减少对环境的负面影响,还能够提高资源利用效率,推动包装设计向更加可持续的方向发展。以下将详细探讨这一发展趋势,包括环保材料的种类、应用领域、实际案例,以及面临的挑战和未来前景。

环保材料的种类多样,主要包括可回收材料、可降解材料和生物基材料等。可回收材料是指那些在使用后可以通过回收工艺重新转化为原料的材料。常见的可回收材料包括铝、玻璃和某些塑料,如聚乳酸(PET)和聚羟基脂肪酸酯(HDPE)。这些材料具有较高的回收价值,经过处理可以再次用于生产新产品。使用这些材料不仅可以减少对原生资源的需求,还能够减轻废弃物对环境的负担。

可降解材料是另一类环保材料,其特点是可以在自然环境中通过微生物的作用分解为无害物质。常见的可降解材料包括生物降解塑料、纸质材料和一些天然纤维。生物降解塑料如PLA和PHA,在使用后能够在特定的条件下自然降解,减轻对填埋场的压力;而纸质材料和天然纤维在处理时可以更容易地降解,减少对环境的长期影响。

生物基材料则来源于可再生的生物资源,而非传统的石油基资源,这些材料包括玉米淀粉、竹纤维和甘蔗纤维等。生物基材料不仅具有较低的环境足迹,还能够减少对化石燃料的依赖。玉米淀粉可以用来生产生物基塑料,竹纤维可以用于生产包装纸和纸板。这些材料的使用可以有效减少包装的碳足迹,并促进资源的可持续管理。

在实际应用中,环保材料的广泛应用正逐渐成为包装设计的主流趋势。许多企业和品牌已经积极采用环保材料,以实现可持续发展目标。一些食品和饮料公司采用了可回收的玻璃瓶和铝罐,替代传统的一次性塑料包装。玻璃瓶不仅可以多次回收利用,还能有效保持产品的新鲜度;铝罐则因其优良的回收性能和耐用性,成为饮料包装的理想选择。

（二）智能包装技术的发展

在全球包装可持续设计的背景下，智能包装技术的兴起标志着包装行业的一个重要发展趋势。智能包装技术不仅在提高包装功能性方面取得了显著进展，还在推动环境保护和提高资源利用效率方面发挥了重要作用。以下将详细探讨智能包装技术的发展及其对包装可持续设计的影响。

智能包装技术主要通过集成先进的传感器、标签、二维码和通信技术，来提升包装的智能化和互动性。这些技术的应用，使包装不仅能够实现基本的保护功能，还能够提供实时的信息反馈、监控和互动功能。智能包装技术在多个领域展现出了广阔的发展前景，尤其在食品、药品和消费品行业中得到了积极的推广。

智能包装技术在提高产品安全性方面发挥了重要作用。通过集成传感器和监控系统，智能包装能够实时监测产品的状态和质量。智能标签可以检测产品的温度、湿度和其他环境因素，从而确保产品在运输和存储过程中保持在最佳状态。这种技术在食品和药品行业尤其重要，因为这些产品对环境条件的变化非常敏感。通过实时监控，智能包装能够及时发现潜在的质量问题，降低过期或变质产品的风险，提高消费者的安全。

一些智能包装解决方案集成了可回收材料的识别和分拣技术，这能够提高包装废弃物的回收效率。智能标签可以标识包装材料的种类，并提供详细的回收指引，从而帮助消费者更便捷地运用废弃物处理设施进行分类和回收。这种技术的应用不仅能够减轻包装废弃物对环境的污染，还能提高资源的再利用率，推动循环经济的发展。

通过集成射频识别和物联网技术，智能包装能够实现对产品的实时追踪和监控。这种技术可以提供有关产品的详细信息，如生产日期、批次号、存储条件等，帮助供应链中的各个环节实现更高效的管理和控制。智能包装可以实时跟踪产品的运输状态，预测交货时间，优化库存管理，减少库存积压和降低物流成本。这不仅提高了供应链的效率，还减少了运输过程对环境的影响。

通过集成二维码、近场通信（NFC）和增强现实（AR）技术，智能包装能够提供丰富的互动内容和信息。消费者通过扫描包装上的二维码，可以获取产品的详细信息、使用建议、促销活动和品牌故事。这种互动不仅深化了消费者对产品的了解，还提升了品牌的市场认知度和消费者对品牌的忠诚度。增强现实技术则能够为消费者提供沉浸式体验，使包装设计更加生动、有趣。

在环保方面，智能包装技术也在推动包装材料的创新和优化。一些智能包装解决方案利用先进的材料技术，如生物基塑料和可降解材料，来减少对传统塑料的依赖。这些新型材料不仅具备优良的性能，还能够在使用后进行自然降解或回收，从而减少环境污染和资源浪费。智能包装技术还能够促进包装设计的优化，通过减少材料的用量和提高包装的功能性，进一步降低对环境的影响。

尽管智能包装技术带来了许多积极的变化，但其发展也面临着一些挑战。智能包装技术的成本相对较高，特别是对于中小企业来说，采用这些技术可能需要较大的投资。因此，如何降低技术成本和提高性价比，是智能包装技术推广和普及的一个重要问题。智能包装技术的应用涉及大量的数据收集和处理，这对数据安全和隐私保护提出了更高的要求。企业需要确保智能包装系统的安全性，防止数据泄露和滥用。此外，智能包装技术的标准化和规范化也是一个重要的问题，需要相关行业协会和标准组织制定统一的技术标准和规范，以促进技术的应用和发展。

（三）减量化设计和轻量化趋势

1. 结构优化

在全球范围内，包装可持续设计正经历着显著的发展，尤其是在结构优化方面。随着环保意识的增强、法规的严格和消费者需求的变化，包装设计师们不断探索如何通过优化包装结构来实现可持续目标。结构优化不仅能够提升包装的功能性和经济效益，还能够显著降低对环境的影响。以下是全球包装可持续设计中结构优化的发展趋势。

简化包装结构是当前的一大趋势。简化包装结构意味着在保证产品保护的前提下，减少包装的层次和复杂性。这种趋势主要体现在减少包装材料的使用量，减少多层包装，并减少不必要的装饰和填充物。许多品牌开始采用单层包装或简化的包装设计，以减少材料的浪费和生产过程中的能耗。简化结构还可以提高包装的可回收性，因为单一材料的包装更易于分类和处理。这种设计不仅减少了资源的消耗，还降低了包装的总重量，从而减少了运输过程中的碳排放量。

模块化和可拆卸设计也是结构优化的一种重要趋势。模块化设计允许不同的包装组件独立使用或组合使用，以适应不同产品的需求。这种设计不仅提高了包装的灵活性，还能够减少库存和降低生产成本。一些品牌采用模块化的包装设计，使得一个包装系统能够适用于不同规格的产品，从而减少了包装材料的种类和数量。可拆卸设计则允许消费者在使用后轻松拆卸包装，以便进行分类回收。通过设计易于拆解的包装结构，设计师可以促进包装的高效回收和再利用。

多功能包装是另一种重要的结构优化趋势。多功能包装不仅提供产品保护，还具备其他附加功能。一些包装设计能够转化为储物盒、展示架或其他实用工具，这种设计不仅延长了包装的使用寿命，还增加了包装的附加值，提高了消费者的使用体验。同时，多功能包装不仅有助于减少包装废弃物，还能够提升品牌的附加价值和市场竞争力。此外，多功能设计也有助于减少对额外包装的需求，从而进一步降低材料的消耗和减少废弃物的产生。

2. 多功能包装

在全球包装设计领域，随着人们环境保护意识的增强和可持续发展理念的推广，多功能包装正逐渐成为一种重要的发展趋势。这种设计不仅关注包装的基本功能，如保护产品和方便运输，还致力于通过多重功能提升包装的整体价值和环境效益。多功能包装通过创新的设计理念和技术应用，不仅增加了包装的实用性，还有效地减少了资源浪费，并促进了资源的高效利用。以下将详细介绍多功能包装的概念、设计原则、应用实例，以及面临的挑战和未来前景。

多功能包装的核心在于将多个功能整合到一个包装设计中，从而提高包装的附加值和使用效率。传统的包装主要关注保护和储存产品，而多功能包装不仅可以满足这些基本需求，还可以通过额外功能实现其他目标，如使用便捷、延长产品保质期，甚至是包装的再循环利用。通过这种方式，多功能包装能够有效地降低对额外包装材料的需求，从而减少资源消耗，减轻环境负担。

一种常见的多功能包装设计是将包装与产品使用结合起来。一些食品和饮料的包装设计不仅具备传统的保护功能，还整合了开瓶器、量杯或分隔板等附加功能。这种设计可以为消费者提供更多的便利，同时减少对单独工具或容器的需求。一些即食食品的包装内置了可重复使用的餐具，消费者在享用食品时无须额外准备餐具。这不仅提高了使用便利性，还减少了垃圾的产生。

另一个例子是智能包装技术的应用。智能包装不仅可以提供基本的产品保护，还能通过集成传感器和电子标签实现产品的追踪、监控和信息反馈。通过这种技术，消费者可以实时获取有关产品的新鲜度、保质期和存储条件的信息，从而提高食品的安全性和改善了产品的使用体验。此外，智能包装还可以与手机应用程序或其他数字平台连接，提供个性化的服务和推荐，进一步提升包装的功能性。

多功能包装还可以在环保和资源管理方面发挥重要作用。一些品牌采用可拆卸和可重用的包装设计，以鼓励消费者重复使用包装。这种设计不仅延长了包装的使用寿命，还减少了对一次性包装的需求。还有一些包装设计采用了模块化结构，使得不同的包装部分可以单独回收或再利用，从而提高了材料的利用率。通过这种方式，包装不仅减少了废弃物，还能有效减少资源的浪费。

在化妆品和个人护理产品领域，多功能包装的应用也越来越广泛。一些化妆品包装设计不仅具备传统的容器功能，还整合了喷雾器、按摩头或调节器等附加功能。这种设计不仅提高了产品的使用效果，还能为消费者提供更加便捷和个性化的使用体验。一些包装设计还采用了可调节的分量控制设计，使消费者可以根据需要调整产品的使用量，从而减少浪费。

尽管多功能包装带来了诸多好处，但在实际设计和应用中仍面临一些挑战。多功能包装的设计往往涉及复杂的结构和材料选择，这可能增加设计和生产的难度与成本。在设计过程中，需要综合考虑包装的各项功能，确保其性能和安全性，同时避免对生产工艺和材料的过度依赖。多功能包装的回收和处理也是一个重要问题。虽然多功能包装在使用过程中具有较高的价值，但其复杂的结构和多样的材料可能会增加回收与处理的难度。因此，在设计多功能包装时，需要充分考虑包装的拆解和回收性，以便于废弃物的管理和资源的再利用。

未来，多功能包装的发展前景广阔。随着技术的进步和消费者需求的变化，多功能包装将继续创新和发展。随着数字技术和物联网的发展，包装将变得更加智能化和普及，能够为人们提供更加丰富和精准的信息服务；随着人们环保意识的增强和可持续发展需求的增加，多功能包装将更加注重资源的高效利用和环境保护。通过与新型环保材料和回收技术的结合，多功能包装有望实现更高水平的可持续发展。

二、全球包装可持续设计的区域发展

（一）欧洲的可持续包装设计

1. 政策引导

在全球范围内，欧洲作为环保和可持续发展的先行者，一直在推动包装设计领域的政策引导，以减少对环境的影响和促进资源的循环利用。欧洲的可持续包装设计政策涵盖了从法规标准、经济激励到市场引导的多个方面，旨在通过政策驱动和市场机制，推动包装行业向环保和可持续方向转型。以下将详细探讨欧洲在可持续包装设计方面的政策引导及其实施效果。

欧洲在可持续包装设计方面的政策引导主要体现在立法和标准制定上。欧盟通过一系列法规和指令，规范包装材料的使用和管理，以减少对环境的负面影响。欧盟于1994年出台的《包装与包装废弃物指令》（94/62/EC）是针对包装和包装废弃物管理的基础性法规。这一指令明确规定了对包装材料的设计要求，包括减量化、可回收性和再利用性，旨在通过减少包装废弃物和提高回收率，减轻对环境的负担。欧盟还设立了具体的回收率目标，2025年，所有塑料包装材料的回收率应达到50%。这些法律法规为包装设计提供了明确的方向，推动企业在设计过程中考虑环境影响，采用可持续材料和优化包装结构。

欧洲还通过经济激励措施促进可持续包装设计的实施。许多欧洲国家实施了包装回收收费和奖励制度，通过经济手段鼓励企业和消费者参与包装废弃物的回收和分类。在德国，废品管理公司根据生产和销售的包装量，向企业征收回收费用，这些费用用于支持包装废弃物的回收和处理。许多国家还提供了对使用环保材料和技术的企业进行税收减免或补贴的政策，以降低其运营成本。这些经济激励措施不仅降低了企业的绿色转型成本，还推动了环保包装材料和技术的研发与应用。

欧洲还通过市场导向和消费者教育来引导可持续包装设计。市场导向策略通过提升消费者对环保产品的认知，推动企业在包装设计中优先考虑可持续性。欧盟设立了"绿色产品"标签和"生态设计"标志，这些认证标志能够帮助消费者识别那些符合环保要求的包装产品。企业通过获得这些认证，不仅能够提升品牌形象，还能够满足消费者对绿色产品的需求。同时，欧洲还通过公众教育和宣传活动，增强消费者对包装回收和资源节约的意识。这种市场导向策略促使企业在包装设计中更加注重环保和可持续性，以满足市场对环保产品的需求。

在包装设计的具体实施过程中，欧洲还鼓励企业采用创新技术和设计方法，以实现可持续目标。比如，在包装设计中，越来越多的企业开始采用生物基材料、可降解材料和再生材料，以减少对石油基塑料的依赖并减轻对环境的影响。许多企业还通过优化包装结构、减少包装材料的使用量、提升包装的再利用性和回收性，来减轻包装对环境的负担。其中，采用模块化设计和简约设计两种方法，能够减少材料的浪费，并降低生产和运输成本。这些创新设计不仅符合可持续发展的要求，还进一步提升了包装的功能性和市场竞争力。

值得注意的是，欧洲的可持续包装设计政策也注重跨国合作和国际协调。欧盟不仅在内部制定了严格的环保政策，还积极参与全球环境保护合作，其在国际环保组织和多边环境协定中发挥积极作用，推动全球范围内的包装废弃物管理和环保标准的统一。这种国际合作和协调有助于提高全球包装设计的环保水平，推动各国在包装设计中采用可持续发展的理念。

2. 消费者意识

欧洲的可持续包装设计正迎来一个蓬勃发展的时期，其中消费者意识的增强起到了关键作用。随着环保问题日益受到关注，欧洲的消费者对可持续包装的认识不断增加，这种趋势推动了包装设计的创新和变革。以下是关于欧洲可持续包装设计中消费者意识的详细阐述。

环保意识的增强是推动欧洲可持续包装设计的重要因素。近年来，全球气候变化、塑料污染和资源枯竭等环境问题引发了人们的广泛关注。欧洲作为环保意识较强的地区，其消费者对环境保护的关注尤为突出。许多消费者已经认识到包装对环境的负面影响，例如，一次性塑料包装的使用导致了大量废弃物的产生。为了解决这一问题，消费者开始倾向于选择那些使用环保材料和采取环保设计的产品。为了满足这一需求，企业和品牌在包装设计中逐渐采取更为可持续的方法，如使用可回收、可降解的材料或减少包装材料的使用。

绿色消费行为的增加反映了消费者对可持续包装设计的重视，越来越多的消费者愿意为那些承诺使用环保包装的品牌支付溢价。调查数据显示，欧洲消费者中有相当一部分人表示，他们更倾向于购买那些具有环保标签或采用可持续包装的产品。这个趋势促使许多企业和品牌在包装设计中融入可持续性理念，例如，采用再生纸、植物基塑料或其他环保材料。这种市场需求不仅推动了包装行业的绿色转型，也鼓励了企业在生产过程中采取更环保的措施。

政策法规的支持也是提升消费者意识和推动可持续包装设计的重要因素。欧洲各国政府和欧盟层面相继出台了一系列针对包装的环保政策和法规。欧盟的《塑料战略》和《包装和包装废弃物指令》旨在减少一次性塑料的使用和推动包装材料的回收利用。这些政策不仅限制了传统塑料包装的使用，还鼓励企业采用更为环保的包装材料和设计。这些政策法规的推动使消费者对可持续包装的关注度提高，并促使他们在购买决策时更加重视包装的环境影响。

信息透明和教育在提升消费者意识方面也发挥了关键作用。品牌和企业通过积极传递环保信息、提升包装设计的透明度，能够帮助消费者更好地了解包装的环境影响。许多品牌在包装上清晰标注了回收指南、材料来源和环保认证，这些信息能够帮助消费者做出更加环保的购买决策。企业还通过市场营销和广告宣传，提高消费者对可持续包装的认知。利用社交媒体、广告宣传和环保活动等方式，品牌能够有效地传达其环保承诺和包装设计的可持续性。这种信息透明和教育不仅提高了消费者对环保包装的认可度，还极大地促进了更广泛的绿色消费行为。

创新设计也是推动可持续包装的重要因素。为了满足消费者对环保包装的需求，许多设计师和企业正在探索新的设计理念与技术。采用新型环保材料，如生物基塑料、可降解塑料或再生纸，设计师能够创造出既环保又具有高性能的包装。结构优化设计，如减少材料使用、简化包装结构、模块化设计等，也在持续推进包装的可持续性。这些创新设计不仅能够满足消费者对环保的期待，还能够提升包装的功能性和市场竞争力。

消费者对品牌责任的期待也是推动可持续包装设计的一个重要因素。随着社会对企业社会责任（CSR）的关注越来越多，消费者越来越期望品牌在环境保护方面承担更多的责任。消费者不仅关注产品的质量和价格，更关注品牌在环保方面的表现。企业通过采用可持续包装设计，能够展示其对环境保护的承诺，提高品牌形象和消费者忠诚度。一些品牌通过环保认证和奖项来证明其包装的可持续性，这不仅提升了品牌的信誉，也吸引了更多环保意识强烈的消费者。

可持续包装设计的市场趋势显示了消费者意识的广泛影响。随着消费者对环保包装的需求不断增长，市场上出现了越来越多的绿色包装解决方案。品牌和企业必须顺应这一趋势，积极采用创新的设计和材料，以满足消费者对可持续性的期望。这种市场趋势不仅推动了包装设计的持续改进，还促进了整个行业向更加环保和可持续的方向发展。

消费者的参与和反馈也是提升可持续包装设计水平的一个重要方面。许多品牌通过直接与消费者互动，了解他们对包装设计的期望和建议，从而进行改进。一些品牌通过消费者调研、反馈调查和试用活动等方式，收集消费者对包装设计的意见。这种参与不仅能够帮助品牌更好地满足消费者的需求，还能够提升消费者对品牌环保承诺的认可和支持。通过这种方式，消费者可以在包装设计的过程中发挥积极作用，不断推动更多的创新和改进。

（二）亚太地区的可持续包装设计

1. 政策推动

在亚太地区，可持续包装设计正逐步成为各国政策和市场发展的重点，这一趋势反映了全球范围内对环境保护和资源管理的重视，特别是在快速发展的亚太地区，政策推动与市场需求的结合正在加速可持续包装设计的创新和普及。以下将详细探讨亚太地区可持续包装设计的政策推动，包括政策背景、实施措施、地区案例以及面临的挑战和对未来的展望。

亚太地区的可持续包装政策背景复杂而多样。各国在面对环境污染、资源枯竭和气候变化等挑战时，纷纷出台了一系列政策和法规，以促进包装设计的可持续发展。这些政策不仅涵盖了包装材料的选择和使用，还包括包装的回收、再利用以及减少废弃物等方面的内容。欧盟、日本和中国等经济体在可持续包装设计方面已经建立了比较完善的政策框架和监管体系。亚太地区的其他国家也在积极借鉴和落实这些政策，以应对自身的环境挑战和发展需求。

在政策实施方面，亚太地区的许多国家已采取了多种措施以积极推动可持续包装设计。政府部门通常通过制定具体的法规和标准，明确包装材料的使用要求和环保目标。中国《"十四五"塑料污染治理行动方案》明确提出，2025年要逐步禁止和限制生产、销售和使用一次性塑料制品，并鼓励使用可回收和可降解材料。这一政策不仅推动了包装材料的转型升级，也促使企业和设计师在包装设计中采用更加环保的材料与工艺。

政府还通过经济激励和补贴政策，鼓励企业投资和采用可持续包装设计。日本政府通过实施绿色采购政策，要求公共部门优先采购、使用环保材料和符合可持续标准的产品。这一政策不仅提高了对环保包装的需求，还推动了企业在包装设计中的创新和实践。此外，政府还提供了相关的财政补贴和税收优惠，鼓励企业研发和生产可持续包装材料。

在回收和处理方面，亚太地区也逐步建立了更为完善的回收体系和监管机制。印度实施了《塑料废弃物管理规则》，要求生产商、进口商和销售商负责其产品包装的回收和处理。通过这一政策，印度不仅提升了包装废弃物的回收率，还促进了包装设计的优化和资源的循环利用。类似的政策在其他国家和地区也得到了推广，如韩国的《资源循环促进法》和新加坡的"零废弃愿景"计划，都在积极推动包装回收和再利用体系建设。

许多国家通过开展宣传活动和教育项目，切实提高公众对可持续包装的认知和重视。澳大利亚通过"减少、重用、回收"运动，倡导消费者在使用包装时选择环保材料和减少一次性包装的使用。这一运动不仅增强了消费者的环保意识，还促进了市场对可持续包装的需求。

在实际应用中，亚太地区已经涌现出一批成功的可持续包装设计案例，这些案例不仅展示了政策推动的效果，也为其他国家和地区提供了宝贵的经验。一个例子是印度尼西亚的一家食品公司在包装设计中采用了可降解材料，并建立了回收体系，显著减少了包装废弃物。另一个例子是中国的一家电商平台，通过优化包装设计和实施绿色配送，显著减少了包装材料的使用和废弃物的产生。这些实际案例不仅展示了可持续包装设计的潜力，也反映了政策对推动行业发展的积极作用。

2. 市场潜力

在全球可持续发展的大潮中，亚太地区作为世界上人口最多、经济增长最快的区域之一，其在包装设计市场的可持续潜力引起了人们的广泛关注。随着环保意识的增强和环保法规的严格，亚太地区的可持续包装设计市场正在经历快速发展。以下将详细探讨亚太地区在可持续包装设计方面的市场潜力及其发展趋势。

亚太地区的市场潜力来自其巨大的消费市场和快速增长的经济。根据国际市场研究机构的报告，亚太地区已经成为全球包装行业的最大市场之一。随着中产阶级的崛起和消费水平的提高，消费者对环保产品的需求不断增加。特别是在中国、印度和东南亚国家，随着经济的快速发展，消费者对可持续包装的关注也在不断上升。为了满足消费者日益增长的环保需求，企业不得不在包装设计中引入更多的可持续性元素。这种市场需求为可持续包装设计提供了广阔的发展空间和巨大的市场潜力。

亚太地区在可持续包装设计方面的政策和法规日益完善，这进一步推动了市场的发展。许多国家和地区已经出台了一系列的环保法规和政策，旨在促进包装设计的可持续性。中国实施了《限制一次性塑料制品的通知》，明确提出了减少一次性塑料使用、推广可降解和可回收材料的要求。印度也出台了类似的政策，鼓励使用环保包装材料并限制塑料袋的使用。此外，许多亚太国家还积极参与全球环境保护倡议，并在国际标准和法规的指导下推动本国的环保政策。这些政策和法规的实施，不仅提升了消费者和企业的环保意识，还为可持续包装设计的发展创造了有利的政策环境。

在技术创新方面，亚太地区也展现出强大的市场潜力。随着科技的发展和材料科学的进步，越来越多的创新包装技术和环保材料被应用于市场。生物基塑料、可降解材料和再生材料的研发与应用，在亚太地区取得了显著的进展。许多企业正在积极探索和采用这些新型材料,以减少对环境的影响,并提高包装的可持续性。智能包装技术的兴起也为市场带来了新的发展机遇。智能包装不仅能够提供实时信息和互动功能,还能够帮助企业优化包装设计,提高资源利用效率。亚太地区的技术创新和应用,为可持续包装设计提供了丰富的技术支持和市场机会。

随着环保教育的普及和媒体对环保问题的关注,消费者对环保包装的需求也逐渐增加,特别是年轻一代的消费者,他们对可持续发展和环保问题具有更高的关注度,对绿色产品的接受度也更高。这种消费者行为的变化,促使企业在包装设计中更多地考虑环保因素,以迎合市场需求。企业也通过推广绿色认证、环保标签和宣传活动,进一步提升消费者对可持续包装的认知和接受度。这种市场导向的变化,为可持续包装设计市场的发展提供了强大的推动力。

企业在可持续包装设计方面的投资和实践也为市场的发展注入了新的活力。越来越多的亚太地区企业认识到,环保包装不仅是社会责任的体现,也是商业竞争的优势。因此,许多企业积极投入资源进行环保包装的设计和研发。例如,很多企业开始采用可再生材料,优化包装结构,减少包装废弃物,以实现更高的环保标准。这种企业层面的努力,不仅为市场带来了更多创新和实践案例,还提升了品牌形象,有力地推动了可持续包装设计的发展。

第三章 包装可持续设计策略

第一节 可持续包装材料的选择与管理

一、可持续包装材料的选择

（一）可再生材料的应用

1. 生物基材料

可再生材料在现代社会中的应用越来越广泛，尤其是生物基材料，这类材料因其环境友好和可持续发展的特点而备受关注。生物基材料是指源自植物、动物或微生物等生物资源的材料，其主要原料包括植物纤维、植物油、淀粉、乳酸等。这些材料不仅具有良好的物理化学性能，还能在使用后自然降解，从而减少对环境的污染和资源的浪费。

生物基材料的应用范围十分广泛，包括包装材料、建筑材料、纺织品、汽车零部件以及日常生活用品等。在包装领域，传统的塑料包装材料因其难以降解而造成严重的环境污染，而生物基材料如聚乳酸（PLA）等则可以在自然环境中较快地降解，有效减少白色污染。PLA不仅具有良好的透明性和机械性能，还可以通过改性进一步提高其热稳定性和抗冲击性，满足各种包装的需求。以玉米淀粉为原料的生物降解塑料袋也逐渐替代了传统的塑料袋，成为环保购物袋的首选。

在建筑领域，生物基材料的应用也日益增多。木材、竹子等传统的生物基建筑材料因其可再生性和良好的物理性能，一直是建筑业的重要材料。近年来，随着技术的发展，一些新型生物基材料，如植物纤维复合材料、黏土生物复合材料等，也开始被应用于建筑领域。植物纤维复合材料可以用于制造质轻、高强度的建筑构件，其具有良好的隔音、隔热性能，同时还能减少建筑垃圾的产生和碳排放。

纺织品行业也是生物基材料的重要应用领域。传统的合成纤维，如聚酯纤维、尼龙等，虽然具有良好的耐用性和弹性，但其生产过程中需要大量的石化资源，并且废弃后难以降解，对环境造成了极大的压力。相较之下，生物基纤维，如棉、麻、竹纤维等，因其来源可再生、生产过程环保、废弃后易降解等优点，越来越受到消费者的青睐。竹纤维因其具有天然的抗菌、防臭性能，被广泛用于内衣、袜子、毛巾等贴身衣物的产生。生物基聚酯纤维，如以植物糖为原料生产的聚对苯二甲酸乙二醇酯纤维，也开始应用于纺织品的生产，既保留了传统聚酯纤维的优良性能，又实现了绿色环保。

在汽车制造领域，生物基材料的应用同样引人注目。一直以来，汽车工业是资源消耗和污染排放的"大户"，采用生物基材料制造汽车零部件不仅能减轻汽车的重量，提高燃油效率，还能减少对石化资源的依赖，并降低碳排放。利用植物纤维增强聚合物可以制造汽车的内饰件、仪表板、门板等部件，这些材料不仅质轻、高强，还具有优异的耐热、耐腐蚀性能。生物基泡沫塑料也逐渐应用于汽车座椅和内饰的填充，具有良好的减震和舒适性。

在日常生活用品中，生物基材料的身影也随处可见。以植物油为原料生产的生物基洗涤剂、肥皂等不仅去污力强，而且使用后易于降解，不会对水体和土壤造成污染；生物基餐具、杯子等一次性用品因其环保性和安全性，越来越受到消费者的欢迎。生物基材料还被广泛应用于医疗领域，如以乳酸为原料生产的生物可降解缝合线、组织工程支架等，这些材料在完成其功能后能够被人体自然降解吸收，无须二次手术取出，极大地方便了患者的治疗和康复。

2. 再生纸和纸板

再生纸和纸板作为可再生材料在现代社会被广泛的应用，不仅能够有效地减少资源浪费，还能显著减少环境污染。再生纸和纸板的应用涵盖了多个领域，包括办公用品、包装材料、印刷出版等，其发展历程及实际应用为环保事业做出了重要贡献。

再生纸是通过回收废纸并将其再加工而制成的纸张，这一过程通常涉及废纸的分类、清洗、脱墨和再制浆等步骤。再生纸的生产，能够减少对木材资源的依赖，从而保护森林资源。再生纸的应用范围非常广泛，其中在办公领域的使用尤为显著。办公用纸是消耗纸张的重要途径之一，而再生纸在这方面的应用不仅能够有效降低成本，还能显著减轻纸张消耗对环境造成的负担。许多企业和机构已经意识到使用再生纸的好处，纷纷在日常办公中推广和使用再生纸，以实现绿色办公的目标。

再生纸在印刷出版领域的应用也逐渐增多，许多书籍、报纸和杂志开始使用再生纸进行印刷，这不仅体现了出版行业对环保的重视，也赢得了广大读者的支持。再生纸的质量在不断提升，已经能够满足高质量印刷的要求，同时也具有较好的耐用性和美观性。因此，越来越多的出版商和印刷厂开始选择再生纸，以此降低生产成本，增强企业的社会责任感。

在包装材料领域，再生纸和纸板的应用同样广泛。纸板是包装行业的重要材料之一，而再生纸板的使用不仅能够减少原生木浆的消耗，还能够有效减少包装废弃物。再生纸板的制作过程与再生纸类似，都是通过对回收的废纸板进行再加工，不仅降低了生产成本，还减少了对环境的影响。许多品牌和企业在产品包装中开始采用再生纸板，再生纸板不仅能起到良好的包装保护作用，还能传递环保理念，提升品牌形象。

再生纸和纸板在食品包装中的应用也在不断扩大。食品包装对于材料的安全性和卫生要求较高，再生纸板在满足这些要求的同时还具有环保优势。许多食品包装厂商开始使用经过严格处理的再生纸板，以确保食品包装的安全性和环保性。许多外卖食品包装、快餐盒等都开始使用再生纸板。不仅减少了塑料和一次性材料的使用，还能有效减少环境污染。

再生纸和纸板在电商包装中的应用也日益普及。随着电子商务的快速发展，包裹和快递包装的需求量剧增，而这些包装大多是一次性使用，容易造成资源浪费和环境污染。再生纸和纸板在电商包装中的应用，不仅能够满足包装需求，还能有效减少资源消耗。许多电商平台和物流企业已经开始推广使用再生纸和纸板，积极响应环保政策，履行企业的社会责任。

除了在传统领域的应用外，再生纸和纸板在艺术创作和手工制作中也得到了广泛应用。许多艺术家与手工爱好者利用再生纸和纸板进行创作，制作出各种独具匠心的艺术品和手工制品。这不仅是对废旧纸张的有效利用，也为艺术创作和手工制作提供了新的材料与灵感。此外，一些以环保主题的艺术展览与活动也开始使用再生纸和纸板作为主要材料，以此来呼吁公众关注环保，支持可持续发展。

再生纸和纸板在建筑与家具制造中的应用也在逐步扩大。再生纸板经过特殊处理后，可以作为建筑材料和家具制作的基础材料，其具有重量轻、强度高、可塑性强等优点。因此，一些环保建筑和家具品牌开始采用再生纸板设计生产出各种符合现代审美和功能需求的产品，这不仅推动了建筑和家具行业的可持续发展，还为消费者提供了更多的环保选择。

再生纸和纸板的应用还体现在教育与宣传领域。许多学校和教育机构开始推广使用再生纸制作教材、宣传册等，以此来培养学生的环保意识，推动绿色教育的发展。各类环保组织与机构也利用再生纸和纸板制作宣传材料，开展环保宣传活动，倡导公众参与环保行动，减少资源浪费。

（二）可降解材料的使用

1. 生物降解塑料

近年来，随着环境保护意识的日益增强，人们开始越来越关注可降解材料的使用，特别是生物降解塑料的应用。生物降解塑料作为一种能够在自然环境中被微生物降解的塑料材料，对减少塑料污染、保护生态环境具有重要意义，因而受到了广泛的研究和关注。

传统塑料由于其稳定性强、不易分解，在给人们生活带来便利的同时，也导致了严重的环境问题。海洋中漂浮的塑料垃圾、垃圾填埋场的塑料堆积、塑料微粒对生物体的潜在危害等，都是传统塑料难以自然降解所带来的负面影响。而生物降解塑料则通过引入能够被自然界微生物分解的成分，如PLA、PHA等从根本上解决了塑料垃圾难以降解的问题。

生物降解塑料的主要原料来源于可再生资源，如玉米、甘蔗、木薯等，通过微生物发酵和聚合等工艺生产而成。这种材料在使用过程中能够保持与传统塑料类似的性能和功能，而在废弃后，在适当的环境条件下，可以被微生物分解成二氧化碳、水和其他无害物质，从而实现自然循环，有效减少环境污染。

生物降解塑料的推广应用也面临一些挑战。其中，生产成本较高是限制其广泛应用的一个重要因素。与传统石油基塑料相比，生物降解塑料的生产工艺更加复杂，原料成本也相对较高，导致其市场价格高于传统塑料。生物降解塑料的降解条件要求较为严格，需要在特定的温度、湿度和微生物环境下才能实现有效降解，而在一些自然环境中，这些条件可能难以满足，导致其降解效果不如预期。为了克服这些挑战，科学家们正在不断进行技术创新和改进。一方面，通过改进生产工艺、提高生产效率、降低原料成本等手段，来降低生物降解塑料的生产成本；另一方面，通过研究、开发新型降解剂和催化剂，优化降解条件，提高生物降解塑料在自然环境中的降解性能。政府和相关机构也在积极推动政策法规的制定与实施，鼓励企业使用生物降解塑料，支持相关技术的研发和产业化发展。

生物降解塑料的应用领域非常广泛，涵盖了包装材料、农用地膜、一次性餐具、医疗器械等多个方面。在包装材料领域，生物降解塑料可以替代传统塑料用于食品包装、快递包装等，既能保持包装的密封性和保护性，又能在废弃后有效降解，从而减少环境污染；在农业领域，生物降解塑料地膜的使用，可以减少农膜残留对土壤的污染，同时提高土壤的透气性和保水性，促进作物生；在医疗器械领域，生物降解塑料可用于制作可降解手术缝合线、药物缓释载体等，不仅能提高医疗器械的安全性和有效性，还能在体内降解，降低二次手术的风险。

除了实际应用外，生物降解塑料的发展还需要社会各界的共同努力。公众环保意识的提高是促进生物降解塑料应用的基础。通过宣传教育，提高人们对塑料污染危害的认识，引导公众选择使用生物降解塑料制品是推动其市场化的重要手段。政府应加大对生物降解塑料产业的扶持力度，制定有利的政策措施，如税收优惠、补贴支持等，鼓励企业进行技术研发和规模化生产。科研机构和企业应加强合作，推动产学研结合，形成技术创新链条，不断提升生物降解塑料的性能和拓展应用范围。

在国际层面，许多国家已经开始重视生物降解塑料的研究和应用。欧盟、日本、美国等国家和地区纷纷出台政策，限制一次性塑料制品的使用，鼓励生物降解塑料的开发和应用。中国作为塑料生产和消费大国，也在积极推进相关政策的实施。近年来，中国政府出台了一系列政策措施，限制一次性不可降解塑料制品的生产和使用，加大对生物降解塑料的支持力度，推动塑料产业向绿色、可持续方向发展。

2. 可堆肥材料

随着人们环境保护意识的增强和对资源可持续利用的需求，可降解材料和可堆肥材料的使用逐渐成为人们关注的热点。这些材料能够在自然条件下分解，减少对环境的污染，并在使用寿命结束后转化为有机肥料，回归自然。可降解材料和可堆肥材料在多个领域的应用彰显了它们在现代社会中的重要性。

可降解材料是指在特定环境条件下，通过微生物的作用能够发生降解，最终生成二氧化碳、水和其他无害物质的材料。可降解材料按降解方式可分为光降解材料、生物降解材料和化学降解材料。其中，生物降解材料因其降解过程完全依赖微生物的代谢作用，具有更好的环保性，成为研究和应用的重点。

在包装行业，可降解材料的应用十分广泛。传统塑料包装材料由于难以降解，已成为环境污染的主要来源之一。相比之下，可降解塑料如 PLA、PHA 等，能够在堆肥环境中完全降解，因而逐渐被应用于食品包装、购物袋、快递包装等领域。以 PLA 为例，它由可再生植物资源如玉米或甘蔗等发酵制得，具有良好的机械性能和透明性。使用 PLA 制成的包装材料不仅能在短时间内降解为无害物质，还能减少对石化资源的依赖。一些企业还开发了基于淀粉的可降解塑料，这种材料在自然环境中能够较快降解，且成本相对较低，已被广泛应用于一次性餐具、包装袋等产品。

可堆肥材料是一种更为严格意义上的可降解材料，它不仅能在自然环境中降解，还能在工业或家庭堆肥条件下转化为有机肥料，改善土壤结构和肥力。可堆肥材料的主要应用领域包括农业、园艺、包装等。在农业和园艺中，可堆肥材料，如可降解地膜、可堆肥花盆等，不仅可以在使用后转化为有机肥，减少环境污染，还能改善土壤透气性和保水性，促进作物生长。可降解地膜在作物生长期提供了与传统地膜相似的覆盖效果，而在作物收获后，它能够自然降解，无须农民进行回收处理，大大降低劳动强度和成本。

在食品包装领域，可堆肥材料的应用同样受到广泛关注。随着外卖行业的迅猛发展，外卖餐盒的环保问题日益凸显。传统塑料餐盒难以降解，成为城市垃圾处理的难题。而以 PLA、PHA 等可堆肥材料制成的餐盒不仅可以在堆肥环境中快速降解，还能转化为有机肥料，减少垃圾填埋和焚烧带来的环境问题。一些创新型的食品包装材料，如食用包装膜，不仅可以降解，还能够食用，进一步减少了废弃物。这类包装材料通常由天然的淀粉、蛋白质等制成，具有良好的生物相容性和安全性，适用于各种食品的包装。

可降解材料和可堆肥材料在医疗领域的应用也显示出巨大的潜力。传统医疗废弃物，如一次性手术器械、包装材料等，如果处理不当，会对环境和公共健康造成严重威胁。可降解材料和可堆肥材料在医疗器械与包装中的应用，不仅能够降低医疗废弃物对环境的影响，还能降低处理成本。使用可降解聚合物制成的手术缝合线，在完成其功能后可以在人体内自然降解，避免了传统缝合线需要再次手术取出的麻烦。同时，一些可堆肥包装材料也被应用于药品包装，使用后可以与有机废弃物一起进行堆肥处理，减少医疗废弃物对环境的影响。

二、可持续包装材料的管理

（一）供应链管理与透明度

可持续包装材料的管理是现代供应链管理中的重要组成部分，它不仅涉及环境保护，还关系到企业的社会责任和经济效益。有效的供应链管理与透明度是实现可持续包装的关键。通过优化各个环节的操作，能够提高资源利用效率，减少环境影响，并确保整个过程透明、可追溯。

在供应链管理中，需要明确可持续包装材料的定义和标准。可持续包装材料通常指那些在生产、使用和处理过程中对环境影响较小的材料，如可降解材料、再生材料和可循环利用的材料等。企业应制定严格的标准，确保所使用的包装材料符合可持续发展的要求。这不仅包括材料本身的选择，还涉及生产工艺、运输方式和废弃处理等方面。

供应链管理的首要任务是优化采购环节。企业应与供应商建立紧密的合作关系，选择有能力提供可持续包装材料的供应商。在采购过程中，应优先选用经过环保认证的材料，确保其生产过程符合环保要求。通过与供应商合作，企业可以共同推动环保材料的研发和应用，以提升整个供应链的可持续性。

在生产环节，企业应采用绿色生产工艺，减少资源消耗和环境污染。企业可以通过引入先进的生产技术和设备，提高生产效率，降低能源和原材料的消耗。同时，应加强对废弃物的管理和处理，减少生产过程中产生的废弃物，并尽可能将其回收或再利用。企业还可以通过生产过程中的资源优化，如废水、废气的回收利用，进一步减轻环境负担。

运输环节也是实现可持续包装的重要环节。企业应优化物流运输方式，选择低碳、环保的运输工具和路线，减少运输过程中的碳排放。此外，通过合理规划运输路线和提高运输效率，降低能源消耗和运输成本。企业还可以考虑采用环保包装材料和方法，如使用轻量化、可降解的包装材料，减少包装废弃物。

在销售和使用环节，企业应注重包装材料的合理使用，避免过度包装和浪费。通过优化包装设计，减少包装材料的使用量，提高包装的利用率和回收率。同时，企业可以通过宣传和教育，增强消费者的环保意识，鼓励消费者积极参与包装材料的回收和再利用。企业还可以在产品包装上注明回收标识和回收方法，方便消费者进行正确的分类和处理。

在废弃物管理环节，企业应建立完善的包装材料回收和处理体系。通过与废弃物处理机构合作，确保废弃包装材料得到妥善处理和回收利用。此外，企业可以通过技术创新，开发出更多可再生、可降解的包装材料，减少包装废弃物对环境的影响。企业还可以积极参与社会公益活动，推动包装材料的回收和再利用，提升企业的社会责任感。

透明度是实现可持续包装材料管理的重要保障。企业应建立信息公开和透明机制，确保供应链的各个环节都能够被追踪和监控。通过信息化管理系统，实时记录和监控包装材料的采购、生产、运输、销售和回收等环节的信息，确保各个环节的操作透明、可追溯。企业还可以通过定期发布可持续发展报告，向公众披露包装材料管理的相关信息，包括环保措施、节能减排成果、包装废弃物处理情况等，接受社会的监督。

企业应加强与各利益相关方的沟通和合作，共同推动可持续包装材料的管理。政府、企业、供应商、消费者和环保组织等各方应共同努力，形成合力，共同促进可持续包装材料的应用和推广。政府应制定相关政策和法规，鼓励和支持企业采用可持续包装材料，并加强对包装材料市场的监管。企业应积极履行社会责任，推动绿色供应链建设，提高可持续包装材料的应用比例。消费者应增强环保意识，积极参与包装材料的回收和再利用，支持绿色消费。

为了实现包装材料的可持续管理，企业可以借鉴国际先进的经验和标准。许多国际组织和机构已经制定了相关的标准与认证体系，如 ISO 14001 环境管理体系认证、FSC 森林认证、PEFC 认证等，企业可以参考这些标准，建立符合国际标准的包装材料管理体系。同时，企业还可以参与国际环保合作和交流，借鉴其他国家和地区的成功经验，推动自身的可持续发展。

（二）废弃物管理与回收

随着全球环境问题日益严重，可持续包装材料的管理成了亟待解决的重要议题。废弃物管理与回收不仅是减轻环境负担的重要途径，也是实现资源可持续利用的关键环节。当前，许多国家和地区正在积极探索和实践有效的废弃物管理与回收体系，以推动可持续包装材料的广泛应用。

探讨可持续包装材料的管理，必须明确其内涵。可持续包装材料通常指那些在生命周期内对环境影响较小，并且能够被有效回收和再利用的材料。它们包括可生物降解材料、可再生材料，以及经过改善具有更长使用寿命的传统材料。对这些材料的管理不仅涉及其生产和使用环节，更包括废弃后的回收和处理环节。

废弃物管理是整个可持续包装材料管理的重要组成部分。有效的废弃物管理体系需要从源头减量、分类收集、回收处理等多个方面着手。在源头减量方面，可以通过设计优化和材料选择，减少包装材料的使用量，设计紧凑的包装结构，采用轻量化的材料，以及使用多功能包装等，来有效地减少包装废弃物。

分类收集是废弃物管理的重要基础。通过对废弃物进行精细分类，可以提高回收效率和质量。在家庭和社区层面，可以设置专门的分类垃圾桶，分别用于回收纸类、塑料类、金属类和玻璃类的废弃物。政府和相关机构还可以通过宣传教育，增强公众的分类意识，从而确保废弃物分类收集的效果。

在废弃物回收处理方面，建立完善的回收体系至关重要。回收体系应包括回收网络的建设、回收技术的提升、回收产品的市场推广等内容。回收网络的建设需要覆盖广泛，确保各类废弃物能够方便地进入回收渠道。回收技术的提升可以通过研发新型回收工艺和设备，提高回收效率和产品质量。针对不同类型的塑料废弃物，可以采用化学回收和物理回收相结合的方法，实现资源的高效再利用。

废弃物的资源化利用是实现可持续包装材料管理的重要途径。通过将回收的废弃物转化为新的材料和产品，可以有效地减少资源浪费和环境污染。废纸可以再生为新的纸制品；废塑料可以制成再生塑料颗粒，用于生产新的塑料制品；废金属可以熔炼成新的金属材料。为了促进废弃物的资源化利用，政府和企业可以通过政策引导和市场激励，鼓励相关技术的研发和产业化应用。

在废弃物管理与回收过程中，政策法规的支持和监管是确保其有效实施的关键因素。许多国家和地区已经出台了一系列法律法规，规范废弃物的管理和回收。欧盟的《废物框架指令》明确了废弃物管理的基本原则和目标，并规定了成员国的具体责任和义务。中国也通过《中华人民共和国固体废物污染环境防治法》等法律法规，加大了对废弃物的监管和处罚力度。这些政策法规不仅为废弃物管理与回收提供了法律保障，也为企业和公众明确了行为准则。

公众的参与和支持是废弃物管理与回收取得成功的重要保障。通过宣传教育和公众参与活动，可以提高人们对废弃物管理和回收重要性的认识。通过社区宣传、学校教育、媒体报道等形式，可以向公众普及废弃物分类和回收的知识，倡导绿色消费和低碳生活方式。此外，还可以通过开展志愿者活动、实施回收奖励计划等，激发公众参与废弃物管理和回收的积极性、主动性。

科技创新是推动废弃物管理与回收不断进步的重要动力。随着科技的发展，新材料、新工艺和新设备不断涌现，为废弃物的高效管理和回收提供了更多可能。智能垃圾分类系统可以通过传感器和人工智能技术实现废弃物的自动识别和分类，提高分类的准确性和效率。先进的回收技术可以通过化学分解、热解等手段实现废弃物的高效处理和资源化利用。同时，区块链技术也可以应用于废弃物管理与回收，通过建立透明、可信的回收体系，提高回收率和公众参与度。

国际合作是推进全球废弃物管理与回收的重要途径。废弃物管理与回收问题具有全球性和跨区域性，需要各国携手合作，共同应对。国际社会可以通过制定和实施国际公约、开展技术交流和合作、提供资金和技术支持等方式，提升全球废弃物管理和回收水平。《巴塞尔公约》通过对跨境危险废物转移的严格规定，促进了各国对危险废物的管理和回收合作。国际组织、非政府组织和企业也可以通过项目合作和经验分享，共同推动废弃物管理与回收的全球化进程。

第二节　包装结构与功能创新设计

一、包装结构的创新设计

（一）轻量化设计

在现代工业设计中，包装结构的创新设计和轻量化设计是两个重要的研究领域，这不仅关系到产品的外观和实用性，更涉及环保和可持续发展的重要议题。轻量化设计旨在通过优化材料和结构设计，减少包装材料的使用量，从而降低成本、节约资源、减轻对环境的负担。

轻量化设计的核心理念是通过合理的结构设计和材料选择，在保证包装功能的前提下，尽可能减少材料的使用。传统的包装设计往往注重外观和保护性能，而轻量化设计则更多地考虑在保证这些功能的基础上，降低材料的用量。通过优化包装结构，可以减少材料的厚度和重量。如今，在现代包装设计中，广泛采用计算机辅助设计和有限元分析（FEA）等技术，对包装结构进行模拟和优化，找出最优的材料分布方案，达到轻量化的目的。

材料的选择是轻量化设计中的关键环节。不同材料的物理性能、化学稳定性、加工性能和环保特性各不相同。在轻量化设计中，常用的材料包括高强度塑料、复合材料以及可降解材料等。这些材料不仅具有良好的力学性能，还能有效降低包装的重量。高密度聚乙烯和聚丙烯（PP）是常见的轻量化包装材料，它们具有高强度和耐用性，且重量较轻。生物降解材料的使用也是轻量化设计中的一个重要方向，这类材料在使用后可以被自然降解，从而减少对环境的污染。

轻量化设计还涉及对包装结构的创新。传统的包装结构往往比较笨重、复杂，而现代轻量化设计则追求简洁、高效的结构。折叠式设计和模压成型技术的应用，可以减少包装的体积和重量。在瓶装饮料的包装设计中，越来越多的企业采用了轻量化瓶身设计，通过优化瓶壁厚度和瓶口结构，显著降低了塑料的使用量。利用蜂窝结构等新型结构设计可以在保证强度的前提下，减少材料的用量，实现轻量化的目标。

为了实现轻量化设计，需要综合考虑多个因素，包括产品的性质、包装的使用环境、运输和储存条件等。在食品包装中，不仅要考虑包装的轻量化，还要保证其安全性和卫生性；在电子产品包装中，需要考虑防震、防尘、防潮等要求。因此，轻量化设计并不是单纯地减少材料，而是通过科学合理的设计，综合考虑多方面因素，实现包装性能和轻量化最佳的平衡。

轻量化设计的实现离不开先进的制造工艺。当前，现代制造技术的发展为轻量化设计提供了有力的支持。注塑成型、吹塑成型和热成型技术的进步，使复杂结构的轻量化包装得以实现。3D打印技术的应用，为轻量化设计提供了更多的可能性。通过3D打印技术可以快速制作出复杂的结构模型，进行性能测试和优化设计。

在实际应用中，轻量化设计带来了显著的经济效益和社会效益。通过轻量化设计，企业可以降低包装材料的成本，减少运输和储存的费用，提高经济效益。轻量化设计有助于减少资源的消耗和废弃物的产生，降低对环境的影响，进而实现可持续发展。以汽车行业为例，轻量化包装不仅可以降低物流成本，还可以减少汽车在运输过程中的能耗，降低碳排放。

轻量化设计的推广与应用还需要政策和法规的支持。各国政府可以通过制定相关标准和政策，鼓励企业采用轻量化设计，提高资源利用效率，促进环保和可持续发展。例如，欧盟出台了一系列关于包装废弃物管理的法规，要求企业在设计包装时优先考虑轻量化和环保材料的使用。这些政策和法规的实施，有力地推动了轻量化设计的推广和应用。

消费者的环保意识也在不断增强，因此对轻量化包装的需求也在增加。越来越多的消费者在选择产品时，会关注其包装是否环保，是否使用了轻量化设计。企业需要顺应这一趋势，在产品包装设计中更多地考虑轻量化和环保因素，通过创新设计满足消费者的需求，提升企业形象和市场竞争力。

(二)折叠与可拆卸设计

包装结构的创新设计在现代商业中扮演着至关重要的角色。折叠与可拆卸设计是其中的两个重要方面，它们不仅在环保和可持续性方面具有显著优势，还能提升用户体验和品牌形象。通过巧妙的结构设计，折叠与可拆卸包装能够实现节约材料、降低运输成本、提高存储效率以及方便用户拆卸和再利用的效果。以下将详细探讨这两种设计的创新及其应用。

折叠设计是一种通过巧妙的结构规划，使包装能够在使用前后进行折叠，从而减少占用空间的设计方式。折叠包装的最大优势在于其节省空间的能力。在运输和存储过程中，折叠包装可以显著减少体积，从而降低物流成本和存储费用。以折叠纸盒为例，它在未使用时可以完全平铺，大大节省仓储空间。折叠包装的材料通常较轻，这也有助于减少运输过程中的碳排放，对环境保护起到积极作用。

在实际应用中，折叠包装被广泛应用于各类商品的包装，服装、鞋类、电子产品和玩具等行业都普遍采用折叠包装。以服装行业为例，很多品牌使用折叠纸盒来包装衬衫和T恤，这不仅能保持衣物的整洁，还方便消费者在不使用时将包装盒折叠存放。电子产品，如手机和平板电脑的包装，也常采用折叠设计，通过巧妙的折叠结构，不仅能保证产品在运输过程中的安全，还能提升开箱体验，增加用户对品牌的好感。

可拆卸设计是指通过模块化的设计，使包装能够方便地拆卸和组装，从而实现多次使用或不同功能转换的设计方式。可拆卸包装的主要优势在于其灵活性和多功能性，通过将包装设计成多个可拆卸的部分，用户可以根据需要进行拆卸和组装。这种设计不仅方便用户使用，还能延长包装的使用寿命，减少资源的浪费。

可拆卸设计在食品包装中也有广泛应用。许多外卖餐盒都采用可拆卸设计，餐盒可以拆分成多个部分，方便用户在食用时将食物分开盛放。而一些高档礼盒则通过可拆卸设计，实现了包装盒和储物盒的双重功能，用户在取出礼品后，可以将包装盒重新组装成实用的储物盒，增加了包装的附加值和提升了用户体验感。

在环保方面，折叠与可拆卸设计都具有显著优势。折叠设计通过减少材料的使用和降低运输成本，间接减少了碳排放；而可拆卸设计则通过延长包装的使用寿命和促进再利用，减轻了废弃包装对环境的负担。一些饮料品牌推出的可拆卸瓶盖设计，使消费者可以方便地将瓶盖与瓶身分离，进行分类回收，这在一定程度上推动了环保理念的普及。

为了实现这些设计理念，设计师需要具备创新思维和扎实的结构设计知识。折叠包装的设计往往需要考虑材料的韧性和可塑性，以确保在多次折叠和展开过程中不会损坏。可拆卸包装则需要精确的模块化设计，确保每个部件都能稳固连接，且方便拆卸。现代计算机辅助设计技术和3D打印技术的应用，为折叠与可拆卸包装的创新设计提供了有力支持，使设计师能够更好地进行原型验证和优化设计。

（三）模块化设计

包装结构的创新设计与模块化设计在现代工业设计中发挥着重要作用。随着消费需求的不断变化和市场竞争的加剧，企业需要通过创新包装设计来提升产品的竞争力和品牌价值。模块化设计作为一种灵活、高效的设计方法，为包装设计带来了全新的思路和解决方案。

创新的包装结构设计不仅是对外观的美化，更是对功能性的提升。在当今社会，消费者对产品包装的要求越来越高，他们不仅希望包装具有良好的保护功能，还希望它在使用过程中方便、环保、易于携带和储存。创新的包装结构设计需要综合考虑这些因素。例如，某些食品包装采用了防潮、防氧化的多层复合材料，以保证食品的保鲜；而某些电子产品包装则通过增加防震泡沫、吸塑托盘等结构来提高抗冲击性。这些创新设计都在满足产品保护需求的同时提升了用户体验。

模块化设计在包装结构设计中的应用，使得包装设计更加灵活和高效。模块化设计是指将包装结构分解为若干个标准化的模块，这些模块可以独立生产和组合，从而形成各种不同的包装形式。这种设计方法不仅简化了生产工艺，降低了生产成本，还提高了包装的通用性和可重复利用性。例如，某些品牌的化妆品采用了模块化包装设计，不同系列的产品可以共用同一种包装盒，仅需更换内部分隔模块，即可适应不同规格的产品。这种设计不仅节省了材料成本，还方便了物流和库存管理。

在模块化设计中，标准化是一个关键因素。通过对包装模块的标准化设计，可以实现模块之间的自由组合和替换，从而极大地提高了设计的灵活性和生产效率。标准化的模块可以根据不同的产品需求进行定制，从而满足多样化的市场需求。在电子产品的包装中，可以设计出若干种标准化的保护模块，这些模块可以根据产品的尺寸和形状进行自由组合，以达到最佳的保护效果。标准化的模块还便于批量生产和库存管理，进一步减少生产和管理成本。

模块化设计在环保和可持续发展方面也有显著优势。随着消费者环保意识的增强，企业对包装材料的环保性提出了更高的要求。模块化设计通过模块的重复利用和再组合，减少了包装材料的浪费。一些企业在设计包装时，采用了可拆卸的模块化结构。消费者在使用完产品后，可以将包装模块进行拆解和回收，再次用于其他产品的包装。这种设计策略不仅降低了对环境的影响，还提升了企业的环保形象。

模块化设计还为智能包装的发展提供了可能。随着物联网和智能技术的发展，智能包装成为未来包装设计的重要趋势。通过模块化设计，可以将传感器、芯片等智能模块嵌入包装结构中，实现对产品状态的实时监控和信息传递。例如，某些药品包装采用了嵌入式温度传感器模块，可以实时监测药品的储存温度，确保药品在合适的温度范围内保存。这种智能模块化设计不仅提升了产品的附加值，还为消费者提供了更加安全和便捷的使用体验。

在实际应用中，模块化设计的实施需要考虑多个方面的因素。首先是模块的设计和生产。在设计模块时，需要综合考虑模块的尺寸、形状、材质等因素，以确保模块之间的兼容性和稳定性，模块的生产工艺也需要进行优化，以提高生产效率和产品质量。其次是模块的组合和装配。在进行模块化设计时，需要设计出合理的组合和装配方式，以确保模块能够方便地组合和拆卸，从而实现包装结构的多样化和灵活性。最后是模块的管理和维护。模块化设计虽然提高了包装设计的灵活性，但也增加了管理和维护的复杂性。因此，需要建立完善的管理和维护机制，以确保模块的正常使用和维护。

（四）防伪功能

包装结构的创新设计在现代商业环境中扮演着至关重要的角色，其不仅影响产品的美观和市场吸引力，还在防伪方面发挥着重要作用。随着技术的不断进步，包装设计已不再局限于传统的保护和运输功能，而是融合了防伪技术、环保材料以及智能化管理等多种元素。

创新的包装结构可以有效提高产品的防伪能力。传统的防伪措施如防伪标签、防伪水印和防伪油墨等，虽然仍在使用，但其技术含量相对较低，容易被仿冒。为此，许多企业开始采用高科技手段，如光学变色材料、全息图像、防伪二维码和射频识别技术等。这些技术的应用不仅提升了防伪效果，还能通过数字化手段实现对产品的追溯和管理。利用 RFID 技术，消费者和生产商可以通过扫描产品上的 RFID 标签，快速获取产品的生产信息、物流信息以及真伪验证信息。这种高效的防伪和溯源机制不仅打击了假冒伪劣产品，还提高了消费者对品牌的信任度。

二、包装功能的创新设计

（一）简易使用设计

包装功能的创新设计在现代消费市场中起着至关重要的作用。随着生活节奏的加快和消费者对便捷性的需求增加，包装不仅需要保护产品，还需要提供更高的便利性和更好的用户友好性。简易使用设计的创新可以显著提升用户体验，提高产品的市场竞争力。

简易使用设计的核心在于便捷性。传统的包装通常需要复杂的拆解步骤，这对于消费者尤其是老年人或身体不便者来说，可能是一种挑战。因此，简易使用的包装设计应当尽量简化操作，使消费者能够轻松打开包装。常见的创新包装包括易撕开口、旋转盖和拉环等，这些设计不仅让消费者的操作更加简单，而且提高了包装的功能性和安全性。一种流行的设计是将包装材料设计成易撕的材料，这样消费者可以用手轻松撕开包装，无须借助工具或暴力。类似的，带有旋转开关的瓶盖设计也让开瓶过程变得更加轻松。

考虑到环保和可持续性，简易使用的包装设计也应注重使用可回收材料。许多消费者越来越关注环保问题，包装设计师必须在简化使用的同时选择符合环保标准的材料。这意味着包装设计不仅要满足功能需求，还要对环境友好。采用可回收纸板或生物降解材料，不仅减少对环境的影响，还增加了消费者对品牌的好感度。

考虑到不同人群的需求，简易使用的包装设计需要具备良好的普适性。对于视力受限的用户，设计师可以在包装上增加大字标识或触觉标识，以帮助他们更方便地识别和使用包装。对于儿童产品，安全设计也是一个重要方面，确保包装设计不会对儿童造成伤害，同时也能够使父母方便地开封和使用产品。

创新设计还可以通过智能技术的应用来提升包装的易用性。智能包装技术可以通过集成RFID标签或二维码，提供实时信息和使用指南。这些技术可以帮助消费者在使用产品时获得更多的信息，如产品的使用方法、最佳使用时间等，同时也可以为生产商提供数据反馈，帮助其优化产品和包装设计。

简易使用的包装设计还应考虑到产品的存储和运输问题。包装不仅需要在销售时方便使用，还需要在存储和运输过程中保证产品的安全和稳定。设计师可以考虑采用模块化包装，使产品在运输和存储过程中能够更好地堆叠和排列，从而减少占用空间，提高运输效率。

（二）创新储存与保鲜技术

1. 智能保鲜

在现代社会中，包装不仅是保护商品的外层，更是商品营销和用户体验的重要组成部分。随着科技的发展和消费者需求的变化，包装的功能和设计也在不断创新。智能保鲜作为包装功能创新的一个重要方向，正逐渐受到关注。智能保鲜包装通过集成先进的技术手段，可以有效延长食品的保质期，提高食品安全性，并提升消费者的使用体验。以下是智能保鲜包装设计的详细探讨。

智能保鲜包装的核心目标是通过技术手段延长食品的保质期，减少食品的浪费。传统的保鲜包装多依赖于简单的物理隔离，如气密性封闭、阻隔材料等，这些方法虽然可以在一定程度上减缓食品的变质速度，但并不能完全防止食品质量下降。智能保鲜包装则通过嵌入传感器、调节环境条件等方式实现更为精准的保鲜控制。

传感器技术的应用是智能保鲜包装的一大突破。现代传感器可以实时监测包装内部的温度、湿度、气体浓度等关键因素。当这些指标达到预设的阈值时，传感器会发出警报，提示消费者或自动调控包装环境。一些智能包装使用氧气传感器来检测食品是否暴露于过量的氧气中，从而触发气体调节装置，以维持适宜的环境。这种实时监控和调节的能力能够有效减缓食品的变质速度，提高食品的保鲜程度。

通过调整包装内部的气体成分，如减少氧气含量、增加二氧化碳浓度等，可以有效抑制微生物的生长，延缓食品的氧化过程。一些高科技包装材料采用气体调节膜，能够根据食品的种类和状态自动调节包装内部气体的比例，以保持最佳的保鲜环境。这种技术可以针对不同类型的食材，为其提供更加个性化的保鲜方案，从而提高整体的保鲜效果。

智能保鲜包装还注重与消费者的互动。一些智能包装设计集成了与智能手机或其他设备连接的功能。消费者可以通过手机应用程序实时监测包装内部的状态，了解食品的保鲜情况。这种互动功能不仅可以提升消费者的使用体验，还能增加消费者对食品质量的信任。当智能保鲜包装检测到食品即将过期时，通过手机应用程序发送提醒，帮助消费者及时处理食品，避免浪费。

许多智能包装采用高性能的复合材料，具有优异的阻隔性、透气性和耐温性。这些材料能够有效地隔离外界环境对食品的影响，同时具备良好的可回收性和环保性。一些智能包装使用可降解材料，减轻对环境的负担，同时保持高效的保鲜性能。材料的使用不仅提高了包装的功能性，也符合现代消费者对环保的要求。

智能保鲜包装的设计不仅关注技术的应用，还注重设计的美观和实用性。一些包装设计师在保证智能功能的前提下，融合美观的外观设计和便捷的开封方式，这种设计不仅提升了包装的吸引力，还提升了使用的便利性。部分智能包装采用模块化设计，消费者可以根据需要选择不同的功能模块进行组合，以实现个性化的保鲜。

2. 温控包装

随着全球经济的快速发展和消费者对产品品质要求的日益提高，包装行业正面临着巨大的挑战和机遇。温控包装作为一种创新设计，在食品、药品和其他对温度敏感的产品领域中显得尤为重要。这种包装技术不仅可以有效延长产品的保质期，还能确保产品在运输和存储过程中的安全性和稳定性。以下将深入探讨温控包装的创新设计，涵盖其发展历程、设计原理、应用实例以及未来的发展趋势。

温控包装技术的核心在于其能够智能调节包装内部的温度，从而为产品提供最佳的保存环境。随着科技的进步，这种包装形式逐渐从传统的保温材料发展到更加智能化的系统。温控包装技术的创新主要体现在以下几个方面。

智能温控材料的应用显著提高了温控包装的性能。传统的保温材料如泡沫、隔热膜等虽然在一定程度上能够隔绝外界空气，但其调节能力有限，无法实时响应环境温度的变化。现代温控包装则采用了智能温控材料，如相变材料（PCM）和热电材料。相变材料可以在温度变化时吸收或释放热量，从而保持包装内部的恒定温度。这种材料在温度达到其相变点时，会发生固态与液态之间的转变，从而有效地吸收或释放热量，实现温度的自我调节。热电材料则通过电流产生热量或吸收热量，能够通过外部电源对包装内部的温度进行精确控制。这些材料的应用使得温控包装能够更加灵活地适应不同的温度需求，从而大幅度提升包装的整体性。

传统的温控包装通常只依赖于被动的保温材料，而现代的智能温控系统则结合了传感器技术和控制系统，能够实时监测和调节包装内部的温度。通过内置的温度传感器，包装可以实时检测环境温度和产品温度，并根据实际情况自动调整加热或制冷装置。这种系统可以通过移动应用程序或其他智能设备进行远程控制，使用户能够随时掌握产品的温度状态，从而有效防止温度波动对产品质量的影响。

传统的温控包装往往会使用大量的化学材料和非降解材料，这些材料不仅对环境造成负担，还可能对产品产生潜在的危害。现代温控包装则越来越倾向于使用环保材料，如生物降解材料和可回收材料。这些材料不仅能够实现温控功能，还能减少对环境的影响。某些温控包装采用了植物纤维和天然胶水，这些材料既能够提供良好的温控效果，又能够在使用后自然降解，减少对环境的污染。一些创新的设计还引入了模块化结构，使得包装在使用后可以方便地拆解和回收，从而进一步强化包装的环保性。

在实际应用方面，温控包装技术已经在多个领域展现了其强大的功能。在食品领域，温控包装可以有效地保持食品的新鲜度和营养价值，尤其是在需要长时间运输的情况下，冷链物流中的温控包装可以确保生鲜食品在运输过程中的温度恒定，从而防止食品变质。在药品领域，温控包装对于温度敏感的药品尤为重要，特别是对于需要储存在特定温度下的疫苗和生物药品，温控包装可以确保这些药品在运输和储存过程中保持稳定的温度，从而保证药品的安全性和有效性。在电子产品领域，温控包装可以有效地保护高精度电子元件免受温度变化的影响，从而确保产品的稳定性并延长使用寿命。

一方面，随着物联网和人工智能技术的进一步发展，温控包装将能够实现更加精准的温控和智能化的管理。通过大数据分析和机器学习技术，温控包装系统能够更好地预测和应对不同环境条件下的温度变化，从而提供更为优良的温控方案。另一方面，个性化的温控包装将成为一种趋势，根据不同产品的需求提供定制化的温控方案，从而提升用户体验。随着环保意识的增强，温控包装将更加注重使用可再生材料和减少资源浪费，以实现可持续发展。

第三节　包装回收与再利用体系构建

一、包装回收体系的构建

（一）回收网络建设

包装回收体系的构建是实现资源循环利用和可持续发展的重要环节。随着环境问题日益严峻和资源短缺的加剧，建立高效的回收网络变得尤为重要。一个完善的回收体系不仅能够减少废弃物对环境的负面影响，还能推动资源的循环利用和经济的绿色转型。以下将详细探讨包装回收体系的构建及回收网络的建设问题。

构建包装回收体系的关键在于建立科学合理的回收网络。一个有效的回收网络应当涵盖从源头到终端的各个环节，包括废弃物的收集、运输、处理和资源回收。为了实现这一目标，首先需要对包装材料的种类和使用情况进行详细的调查和分类。这一过程可以通过对市场上的包装产品进行调查分析，了解不同包装材料的使用频率、废弃物的产生量及其回收潜力来实现。

在回收网络建设中，回收点的设置至关重要。回收点可以分为两种类型：家庭回收点和公共回收点。家庭回收点主要是针对居民家庭的回收需求，通常设在社区或小区内，以方便居民将废弃包装投入回收箱。这类回收点需要配备分类明确的回收箱，并定期对其进行清理和维护。公共回收点则可以设在商场、超市、学校等人流密集的地方，旨在方便公众进行包装废弃物的投递。这些公共回收点通常需要具备更高的垃圾处理能力，并且在回收设施的设计上要充分考虑高频次的使用需求。

回收网络的建设需要配备高效的运输和处理设施。运输环节是回收体系中的重要组成部分，其主要任务是将各个回收点收集的废弃物集中运送到处理设施。在运输过程中，需要对废弃物进行分类，以避免混杂的废弃物影响后续处理的效果。因此，运输车辆应当配备分类收集装置，并且需要定期对装置进行检查和维护，以确保运输过程的高效和安全。

处理设施是回收网络中的核心部分，其主要任务是对回收的废弃物进行分拣、加工和资源化。处理设施的设计应当考虑到不同包装材料的处理需求，例如纸质包装、塑料包装、玻璃包装等不同材质的处理方法和技术。处理设施还应具备先进的环保设备，以减少处理过程中的废气、废水等污染物的排放。为了提高处理效率和资源回收率，可以引入先进的自动化分拣系统和高效的回收技术，如高密度压缩、热解等。

除了基础设施的建设之外，回收体系的建设还需要提高公众对包装回收的认知，加强公众的参与。只有当公众充分认识到回收的重要性，并积极参与到回收活动中，才能够实现包装回收的有效运作。因此，宣传教育活动显得尤为重要。这些活动可以通过社区讲座、学校教育、媒体宣传等多种形式进行，旨在提高公众对包装回收的认知，鼓励其养成良好的回收习惯。政府和企业也可以通过设立回收奖励机制，激励居民参与回收活动。

（二）分类回收体系

在环境保护日益受到重视的今天，包装回收体系的构建显得尤为重要。随着消费品市场的快速发展，各种包装材料的使用增加，这对环境造成了巨大压力。因此，建立一个高效的分类回收体系，能够有效减少废弃物，提高资源的回收率，从而减轻对环境的负担。

包装回收体系的构建需要从源头开始，设计合理的分类回收方案。分类回收不仅要考虑不同材料的特性，还要考虑废弃物的处理难度和资源的再利用价值。常见的包装材料包括纸板、塑料、玻璃和金属等，每种材料都有其特定的回收处理方式。纸板和纸箱可以回收成再生纸，塑料可以回收成再生塑料产品，玻璃和金属则可以被重新熔化成原料，这些都需要在回收体系中得到有效的管理和实施。

建立分类回收体系需要明确各类包装材料的分类标准。不同国家和地区可能有不同的分类标准，但通常包括纸类、塑料类、金属类和玻璃类等基本类别。在分类标准的制定过程中，需要考虑到材料的回收价值、处理难度以及实际操作的可行性。塑料可以细分为PET、PE、PVC等不同类型，因为不同类型的塑料在回收和处理过程中有不同的要求。制定科学合理的分类标准，可以提高回收效率，降低处理成本。

构建一个高效的分类回收体系需要建立完善的回收网络。这包括回收设施的建设、运输体系的优化以及回收点的设置。回收设施应当具备先进的技术设备，以确保对不同类型的废弃物进行有效的处理。运输体系则需要优化路径和调度，确保废弃物从回收点到处理厂的运输过程高效且安全。设置便捷的回收点，如社区回收箱、超市回收站等，可以鼓励消费者主动参与分类回收，进而提高废弃物的回收率。

为了增强公众的回收意识，宣传教育也非常关键。政府和企业应当通过各种渠道，如媒体宣传、社区活动和学校教育等，提高公众对包装分类回收的认识。开展回收知识培训、举办回收活动和发布宣传资料等方式，可以帮助公众了解分类回收的必要性和方法，从而促使更多的人参与到回收行动中来。

在回收体系中，企业也扮演着重要的角色。企业应当在产品设计和包装材料的选择上考虑回收的便利性，尽量使用可回收或易于分解的材料，并提供明确的回收指南。企业还可以通过回收激励措施，如退还押金、积分奖励等方式，鼓励消费者将包装材料进行回收。企业的积极参与不仅能够提升品牌形象，还能够为社会和环境做出贡献。

政府在建立分类回收体系时，除了制定相关法规和政策之外，还需要进行监督和管理。政府应当对回收体系的运行情况进行定期检查，确保各项回收措施得以落实。政府可以通过财政补贴、税收优惠等方式，支持回收设施的建设和运营，进一步推动回收行业的发展。

（三）回收激励机制

包装回收体系的构建是应对环境问题和资源浪费的重要举措，而回收激励机制在这一体系中发挥了关键作用。通过合理设计和实施回收激励机制，可以有效提高回收率，促进资源的循环利用减少环境污染。以下将从回收激励机制的定义、目标、实施策略和挑战等方面，详细探讨如何构建有效的包装回收体系，并实现可持续发展的目标。

回收激励机制是指通过一定的经济或非经济手段，激发企业、消费者和社会各界参与包装回收的积极性，以提高包装材料的回收率。其核心目标在于通过采取合理的激励措施，鼓励各方主动参与回收活动，从而实现资源最大化利用和环境影响最小化。

回收激励机制的设计须明确其目标。主要包括两个方面，一是提高回收率，即促使更多的包装材料被回收利用；二是降低回收成本，减轻企业和社会的经济负担。为了实现这些目标，需要从多个角度进行综合考虑和设计。针对消费者，可以通过设置积分、奖励等方式激励其参与包装回收；面向企业，可以通过税收优惠、补贴等手段，鼓励其积极参与回收体系的建设和优化。

在回收激励机制的实施策略中，经济激励和非经济激励是两个主要方面。经济激励包括直接的现金奖励、折扣优惠、积分兑换等方式。例如，一些国家和地区实施了"押金制度"，即在销售包装产品时收取一定的押金，消费者在回收包装时可以退还押金，这种措施能够有效激励消费者主动参与回收活动。企业可以通过回收积分系统，将回收包装的积分转化为购物折扣或其他福利，从而激发消费者的积极性。

非经济激励则包括宣传教育、社会认同和便利措施等。通过宣传教育活动，提高公众对包装回收重要性的认识，形成良好的回收习惯；通过社会认同机制，例如设立环保奖项，表彰在回收方面表现突出的个人或组织，增强其社会荣誉感；通过提供便利的回收设施和服务，例如设置便捷的回收点、提供上门回收服务等，降低消费者参与回收的成本。

在企业层面，回收激励机制的实施可以通过多种方式。政府可以为回收企业提供税收减免、财政补贴等经济支持，以降低其回收成本，进一步提升其回收积极性。通过制定回收责任制，要求生产企业对其产品的回收负责，企业可以通过承担回收义务，获得社会认可和品牌价值的提升。企业还可以积极参与回收技术的研发，推动回收技术的创新和应用，从而提高回收效率和效果。

政府可以通过立法和政策制定，推动回收体系的建设。制定强制回收法规，要求生产企业和消费者履行回收义务；实施绿色税制，对使用可回收包装材料的企业给予税收优惠，鼓励其采用环保材料。政府还可以通过组织回收活动、提供回收基础设施建设资金等方式，支持回收体系的发展。

在回收激励机制的实施过程中，面临的挑战主要包括经济成本、回收设施建设、公众参与度等方面。回收体系的建设和运行需要一定的经济投入，包括设施建设、运营维护、宣传教育等方面的费用。如何平衡成本与效益，制定合理的激励措施，是一个重要的挑战。回收设施的建设和布局需考虑便利性和覆盖范围，确保消费者能够方便地参与回收活动。公众参与度的提升需要长期宣传和教育，培养公众的环保意识和回收习惯，提升其对回收激励机制的认同感和参与意愿。

二、包装再利用体系的构建

（一）可重复使用包装设计

随着全球对环保和可持续发展认识的日益提高，包装行业也在不断寻求解决方案。其中，可重复使用包装设计，作为一种有效的环保措施，不仅能够减少包装废弃物，还能降低生产成本，推动资源的循环利用。构建一个高效的包装再利用体系，对于减轻环境负担和推动可持续发展具有重要意义。以下将探讨可重复使用包装设计的关键要素，包括设计原则、实施策略、实际案例以及未来发展趋势。

可重复使用包装的核心在于其设计必须兼顾耐用性、功能性和环境友好性。耐用性是可重复使用包装设计的基本要求。包装材料需要具备足够的强度和耐用性，以应对多次使用过程中的磨损和损坏。常见的耐用材料包括高密度聚乙烯、聚丙烯和不锈钢等。这些材料不仅耐用，而且易于清洁和维护，从而确保包装在多次使用过程中的安全性和卫生性。此外，设计中还需要考虑包装的结构设计，例如采用模块化设计或堆叠设计，使包装在运输和存储过程中能够有效地节省空间、提高效率。

功能性也是可重复使用包装设计中的重要考虑因素。包装不仅需要满足基本的保护功能，还需要具备易于使用和维护的特点。包装设计应考虑用户的便捷性，如方便的开口设计、易于清洗的内壁以及可调节的封闭机制等。同时，包装的设计还应与产品的特性相匹配，如温控包装需要具备良好的隔热性能，防护包装需要具备足够的缓冲性能。只有在功能性上满足用户的需求，才能确保包装的实际使用效果和提高用户的满意度。

环保和资源循环利用是可重复使用包装设计的核心理念。传统的一次性包装不仅对环境造成巨大压力，而且资源利用效率低下。可重复使用包装通过减少废弃物和降低资源消耗，从而有效减轻对环境的负担。设计中可以采用环保材料，如再生纸、可降解塑料和天然纤维等，这些材料不仅具有较好的环保性能，还能够在使用后进行回收或降解。与此同时，可以通过模块化设计或可拆解设计，使得包装在使用后的各个部分能够被分类回收，进一步提高资源的循环利用率。

在实施可重复使用包装设计时，企业需要建立完善的回收和再利用体系。这一体系包括回收网络的建立、包装的清洗和再处理以及再利用的策略等。企业应构建有效的回收网络，将使用后的包装及时收回，并进行分类和处理。回收网络可以通过与物流公司合作、建立专门的回收点或引入智能回收设备等方式。回收后的包装需要进行彻底的清洗和消毒，以确保其在再利用过程中的卫生和安全。清洗过程可以采用高温蒸汽、化学清洗剂或其他环保清洗技术。此外，企业还需要制定明确的再利用策略，如将回收的包装进行维修、翻新或升级，以延长其使用寿命。

在实际案例中，许多企业已经成功应用了可重复使用包装设计，并取得了显著的效果。某些超市和零售商推出了可重复使用的购物袋和容器，消费者可以在购物时使用这些容器，从而减少一次性塑料袋的使用。一些饮料公司推出了可重复使用的瓶装系统，消费者可以将空瓶返还至指定的回收点，从而获得一定的奖励或优惠。这些案例不仅展示了可重复使用包装的实际应用效果，还增强了环保意识。

可重复使用包装设计的未来发展趋势将主要集中在智能化、个性化和全球化等方面。智能化技术的应用将使得包装设计更加灵活和智能，通过嵌入传感器和标签，可以实时监测其使用状态，并提供相关信息，如使用次数、清洗记录等。这些信息不仅能够帮助企业更好地管理和维护包装，还能够为用户提供宝贵的数据支持。个性化的需求也将提升包装设计的多样性，消费者可以根据个人喜好和需求选择不同的包装形式和设计。全球化的趋势则意味着可重复使用包装需要适应不同地区的法律法规和市场需求，从而实现全球范围内的推广和应用。

（二）再利用设施建设

构建一个有效的包装再利用体系是实现资源循环利用、减轻环境负担和推动可持续发展的重要措施。再利用体系不仅能够延长包装材料的使用寿命，还能减少废弃物，从而降低对原材料的需求和对环境的压力。在构建包装再利用体系时，需要从再利用设施的建设入手，以构建一个高效、科学、可持续的运作网络。

再利用设施的建设是包装再利用体系的核心部分。再利用设施主要负责对回收的包装材料进行检查、分类、清洗、修复和再加工等处理，以便重新投入使用。这些设施通常包括分拣中心、清洗厂、修复车间和加工厂，每一个环节都对包装材料的再利用起到关键作用。

在建设分拣中心时，首先需要考虑设施的规模和设备配置。分拣中心的主要任务是对回收的包装材料进行初步分类，分离出不同材质和类型的包装。这一过程可以利用自动化分拣设备，如光电分拣机、气流分拣机等，来提高分拣效率和准确性。分拣中心还应配备人工分拣区，以处理那些难以通过自动化设备分类的包装。为了提高分拣工作的效率，分拣中心应设立专门的操作流程和管理制度，确保分拣工作的规范化和系统化。

清洗厂是再利用设施中的另一个重要组成部分。包装材料在回收过程中可能会沾染各种污垢和残留物，因此需要经过彻底清洗，以确保其在再次使用时的卫生和安全。清洗厂通常配备高压水枪、超声波清洗设备和干燥系统等设备，以去除包装材料上的污垢和油脂。清洗厂的设计需要考虑清洗过程中的废水处理问题，确保废水经过有效处理后再排放，避免对环境造成污染。

修复车间主要负责对损坏或破损的包装材料进行修复和再加工。许多包装材料在回收过程中可能会受到物理损坏，需要进行修补和加固，以恢复其使用功能。修复车间通常配备各种修复工具和材料，如胶水、焊接设备、补丁材料等，以修复和加固包装材料。在修复过程中，还需要对包装材料的质量进行严格把关，确保修复后的包装材料能够达到使用标准。

加工厂则负责对清洗和修复后的包装材料进行深加工，制成新的包装产品或部件。加工厂通常配备各种生产设备，如切割机、压模机、注塑机等，以满足不同包装材料的加工需求。加工厂的设计需要考虑生产效率和产品质量，同时还应考虑环保问题，如废气和废水的处理等。

再利用设施的建设中，需要注意与其他环节的协调和衔接。其中，分拣中心、清洗厂、修复车间和加工厂之间需要建立高效的物流系统，以保证各个环节之间的物料流转顺畅。还需要建立信息管理系统，对包装材料的流转情况、处理进度和生产数据进行实时监控和管理。信息管理系统可以优化资源配置，提高生产效率和降低运营成本。

除了设施建设，再利用体系的构建还需要考虑政策和法规的支持。政府可以通过制定相关政策和法规,鼓励和支持包装材料的再利用。政府可以采取激励措施,对采用再利用包装材料的企业给予税收优惠或财政补贴。此外,政府还可以制定行业标准和技术规范,指导再利用设施的建设和运营,确保再利用过程的规范性和科学性。

企业在再利用体系建设中的角色也不可忽视。企业不仅是包装材料的使用者,也是再利用体系的参与者。企业可以通过设计环保包装、减少包装材料的使用量、采用可回收材料等措施,促进包装材料的再利用。企业还可以与再利用设施合作,提供回收的包装材料,并参与再加工和生产。企业积极参与不仅有助于实现资源的循环利用,而且能提升其品牌形象和增强社会责任感。

公众参与也是再利用体系建设的重要方面。只有当公众充分认识到包装再利用的重要性,并积极参与到相关活动中,才能实现再利用体系的有效运作。因此,宣传教育活动显得尤为重要。这些活动可以通过社区讲座、学校教育、媒体宣传等多种形式进行,旨在提高公众对包装再利用的认知,鼓励其养成良好的再利用习惯。政府和企业也可以通过设立奖励机制激励公众参与再利用活动。

(三)环保教育宣传

包装再利用体系的构建不仅涉及技术和管理,还需注重环保教育与宣传的实施。这不仅有助于提高公众对包装再利用的认识,还能够推动社会各界的共同参与,实现资源的可持续利用。因此,有效的环保教育和宣传策略对于包装再利用体系的成功构建至关重要。

环保教育和宣传需要从学校教育入手,学校是培养学生环保意识的最前沿阵地。在课堂上设置环境保护课程、组织实践活动和开展环保主题活动,可以让学生了解到包装再利用的重要性。学校可以组织学生参观回收中心或包装再利用工厂,让他们直观地了解包装材料的再利用过程。这不仅能增强学生的环保意识,还能激发他们的创新思维,鼓励他们在日常生活中积极推广环保理念。

社区是环保教育和宣传的重要场所。社区居民的环保意识直接影响到包装再利用的效果。为此,政府和环保组织可以在社区内开展各种形式的环保宣传活动。举办包装再利用知识讲座、设置环保宣传展板、发放环保宣传资料等。这些活动可以帮助居民了解包装再利用的具体方法、好处和操作流程。社区还可以组建环保志愿者队伍,组织居民参与包装材料的分类和再利用实践,从而提高他们的积极性和参与度。

企业在环保教育和宣传中也应发挥积极作用。企业不仅是包装材料的生产者,也是包装再利用的实践者。企业可以通过企业社会责任项目，投入资金和资源，支持环保教育和宣传活动。企业可以在产品包装上印刷环保标识和再利用指南，鼓励消费者回收和再利用包装材料。还可以通过媒体宣传、社交平台和企业官网，发布有关包装再利用的知识和案例，增强公众的环保意识。企业应当积极参与政府和非政府组织的环保项目，通过实际行动展示其对环保的承诺和贡献。

政府在环保教育和宣传中的角色同样不可忽视。政府部门可以制定并实施相关政策，支持和推动包装再利用的宣传活动。政府可以通过立法和政策引导企业和公众积极参与包装再利用。制定强制性回收法规、设立奖励机制等，以提高企业和个人的参与度。政府还应当利用各类媒体渠道，如电视、广播、互联网等，进行广泛的环保宣传，提高公众对包装再利用的关注度和参与度。

环保组织和非政府组织（NGO）在环保教育和宣传中也有重要作用。这些组织通常具有丰富的经验和资源，能够开展各种形式的环保活动。环保组织可以开展社区环保培训、组织环保知识竞赛、发布环保报告等活动。这些活动不仅能增强公众的环保意识，还能促进社会对包装再利用的关注和支持。环保组织还可以与企业和政府合作，形成合力，共同推动环保教育和宣传活动的实施。

包装再利用体系的构建还需要关注技术和材料的更新。随着科技的进步，新的包装材料和技术不断涌现。环保教育和宣传也应当及时更新，介绍最新的包装再利用技术和材料。例如，介绍新型可降解材料、智能回收技术等，帮助公众了解如何使用和处理这些新材料。通过持续更新和教育，进一步提高公众对包装再利用的兴趣和参与度。

第四节　消费者行为与环境保护政策

一、消费者环保消费行为对环境保护的影响

（一）绿色购买行为

在全球环保意识日益增强的背景下，消费者的环保消费行为逐渐成为推动环境保护的重要力量。绿色购买行为，即消费者在购买决策时优先考虑环保因素，如选择环保产品、支持可持续品牌等，已经成为一种新的消费趋势。绿色购买行为不仅反映了消费者对环境问题的关注，还反映出环境保护对消费者产生了深远的影响。以下将从绿色购买

行为的特点、影响机制，以及实际效果等方面，详细探讨消费者环保消费行为对环境保护的作用。

绿色购买行为具有明确的特点。绿色购买行为主要体现在以下几个方面：一是对环保产品的偏好，消费者在购买过程中，越来越倾向于选择那些在生产、包装、运输等环节都注重环保的产品；二是对企业环保承诺的重视，消费者更愿意支持那些具有明确环保承诺和社会责任的品牌，企业应公开减少碳排放、参与环保项目等举措；三是对环保标签和认证的关注，绿色购买行为通常伴随着对环保认证标志的识别和信任，如"有机认证""环保标志"等。

绿色购买行为的形成和发展受多个因素的影响。首先是公众环保意识的增强。随着全球气候变化、环境污染等问题的加剧，公众对环保的认识不断加深。这种意识的增强促使消费者在购买决策中更加关注产品的环保属性。绿色消费教育的普及也发挥了重要作用。通过各种宣传和教育活动，消费者对环保产品的认识不断增强，对绿色购买行为的理解和接受度也随之提高。同时，政府政策和企业的环保举措也对消费者行为产生了影响。政府通过制定环保法规、推出绿色消费补贴等政策，鼓励消费者选择环保产品；企业通过实施绿色生产和营销策略，吸引消费者支持其环保行动。

绿色购买行为有助于减少资源消耗和环境污染。当消费者优先选择环保产品时，这些产品通常在生产过程中采用了更高效的资源利用方式，从而减少了废物和有害物质排放。选择节能电器可以降低能源消耗，选择可降解包装可以减少垃圾填埋。这些行为有助于缓解资源紧张和环境污染的问题。

绿色购买行为促进了可持续发展的进程。通过支持那些在生产和运营中注重环境保护的企业，消费者间接推动了企业的转型升级，促使其更加注重可持续发展。企业在面对消费者的绿色需求时，可能会采取更环保的生产工艺、提高产品的回收利用率等措施。这种市场导向的压力可以推动更多企业加入环保行列，共同促进可持续发展。

消费者积极参与绿色购买后，能够在社会中传递环保的价值观，影响周围人群的消费行为。这种社会效应可以通过口碑传播、社交媒体等途径，进一步扩大绿色购买行为的影响力。绿色购买行为也能激励企业在环保领域进行更多创新和投入。面对消费者对环保产品的需求，企业可能会加大对环保技术的研发力度，探索更高效的生产方式，从而推动整个行业环保水平的提高。

（二）减少一次性产品

随着全球环保意识的增强，消费者的环保消费行为在环境保护中发挥着重要作用。减少一次性产品的使用，作为环保消费的一个关键方面，具有显著的环境保护效果。以下将深入探讨消费者环保消费行为对环境保护的影响，尤其是在减少一次性产品方面的实践与成效。

一次性产品对环境的影响极为深远。一次性产品，顾名思义，即使用后就被丢弃的产品，包括一次性塑料袋、一次性餐具、一次性瓶装饮料等。这些产品在生产过程中通常需要大量的原材料和能源。一次性产品往往难以降解，会在环境中长期存在，导致土壤和水源的污染，威胁生态系统的稳定。塑料袋和塑料瓶在自然环境中需要数百年才能完全降解，这不仅对土壤和水资源造成了长期的污染，还对动植物造成了严重的危害。许多海洋生物误食塑料颗粒后死亡，这严重影响了海洋生态系统的平衡。

在此背景下，消费者的环保消费行为成为减少一次性产品使用的关键。许多消费者开始意识到一次性产品对环境的负面影响，并主动采取措施来减少其使用。这种消费行为的转变主要体现在以下几个方面。

消费者逐渐倾向于使用可重复使用的产品。许多消费者选择使用可重复使用的购物袋、餐具和水瓶，而不是一次性塑料袋和餐具。可重复使用的产品不仅减少了废弃物，还减少了对资源的需求。以可重复使用的购物袋为例，这种袋子通常由耐用的材料制成，可以使用多年，从而大幅减少了购物过程中塑料袋的使用。消费者这种选择直接降低了对塑料袋的需求，减少了塑料袋的生产和丢弃，从而减轻了环境压力。

消费者在选择产品时越来越注重环保认证和可持续性。一些消费者倾向于选择那些经过环保认证的产品，如有机食品、环保包装产品等。这些产品在生产过程中通常遵循更为环保的标准，减轻了对环境的负担。通过支持这些产品，消费者不仅减少了对一次性产品的需求，还推动了企业采用更为环保的生产工艺和材料，进而对整体市场产生积极的影响。

消费者还通过倡导和参与环境保护活动来进一步减少一次性产品的使用。许多消费者积极参与社区环保活动，如垃圾分类、海洋清理等，通过实际行动减少环境污染。与此同时，消费者还通过社交媒体和公共平台宣传减少一次性产品使用的重要性，增强公众的环保意识。这种宣传和倡导不仅能够促使更多人采取行动，还能够促使政府和企业采取相应的环保措施，如实施塑料限令、推广环保产品等，从而形成良性的环保循环。

消费者的环保消费行为对环境保护的影响，不仅体现在减少一次性产品的使用，还体现在推动整个社会的环保进程。消费者的需求变化促使企业在产品设计和生产过程中考虑更多的环保因素。为了满足消费者对环保产品的需求，许多企业开始采用可降解材料，改进生产工艺，甚至转型为更加可持续的商业模式。例如，某些食品企业开始采用可降解的包装材料，减少一次性塑料的使用，从而减轻对环境的负担。这种市场导向的变化，促使更多企业关注环保问题，并采取实际措施进行改进。

消费者对环保的关注还促使政府制定和实施更加严格的环保政策和法规。政府可能出台限制一次性产品使用的政策，鼓励使用可重复使用的产品，或对一次性产品的生产和销售进行管控。这些政策不仅能够直接减少一次性产品的使用量，还能够通过法律手段推动社会各界共同参与环境保护行动，从而形成多方合作的环保局面。

二、环境保护政策对消费者行为的影响

（一）强制性法规

环境保护政策在推动社会可持续发展和减轻环境负担方面发挥了关键作用，其中，强制性法规作为重要手段，对消费者行为的影响尤为显著。这些法规通过规定明确的环境标准和要求，改变消费者的购买习惯、使用行为以及废弃物处理方式，全面促进节约资源和保护环境的工作。以下将详细探讨强制性法规如何影响消费者行为，并分析其背后的机制及效果。

强制性法规通过设立环保标准和限制条件，直接影响消费者的购买决策。许多国家和地区推出了限制使用一次性塑料袋的法规，要求零售商提供可重复使用的袋子或收取环保袋费用。这种法规促使消费者减少一次性塑料袋的使用，转而选择可降解或可重复使用的袋子，从而减少了塑料废弃物。消费者在面临额外费用或环保要求时，往往会调整自己的购买行为，更倾向于选择那些符合环保标准的产品。

强制性法规还通过规定产品的环境标签和认证标准，影响消费者的购买偏好。许多国家实施了能效标签制度，对电器和家居产品的能源消耗进行标识。这种法规不仅使消费者能够直观地了解产品的能效，还促使他们在购买时考虑能源消耗的因素。消费者在购买家电时，会倾向于选择那些能效等级高的产品，以减少能源费用和降低环境影响。这种法规推动了市场上高能效、低排放产品的普及，并在一定程度上促进了绿色科技的发展。

许多国家推行了强制回收政策，要求消费者对废旧电池、电子产品和塑料瓶进行分类回收。这些法规不仅设立了回收点和处理设施，还对未按照规定回收的行为进行处罚。消费者在面对这些法规时，通常会改变自己的废弃物处理方式，按照规定将废弃物投放到指定的回收设施中。通过这种方式，强制性法规有效地提高了废弃物的回收率，减少了对填埋场的需求，并促进了资源的循环利用。

通过实施严格的环境保护政策和法规，政府和相关部门可以提高公众对环境问题的关注和重视程度。一些地区实施了强制性空气质量标准，并定期发布空气质量报告。这些报告不仅揭示了空气污染的严重性，还促使消费者关注自身生活环境的改善。在法规的推动下，消费者在选择产品时会更加关注其对空气质量的影响，例如选择低排放的汽车或绿色建筑材料。这样的法规不仅改变了消费者的购买习惯，还增强了公众的环保意识，从而提高了社会整体的环保水平。

强制性法规在某些情况下还会推动企业和市场的变革，进而影响消费者的选择。限制某些有害物质使用的法规促使企业研发更环保的替代品，并在市场上推广。这种市场上的变革使得消费者在面对新的环保产品时，能够更容易地选择符合环保标准的商品。企业为了遵循法规而进行的技术创新和产品改良，最终使得绿色产品在市场上的竞争力得到了提升，消费者在购买时自然会倾向于选择那些符合最新环保要求的产品。

（二）违规处罚

环境保护政策在引导和规范消费者行为方面发挥了重要作用。随着全球环境问题的日益严峻，各国政府纷纷采取了一系列环境保护措施，旨在减少环境污染、促进资源的可持续利用。其中，违规处罚作为政策的一部分，对消费者行为的影响尤为显著。了解环境保护政策对消费者行为的影响以及违规处罚的作用，有助于更好地推动环保政策的实施，从而实现环境保护的目标。

环境保护政策通过设定违规处罚，对消费者行为产生了直接的影响。政策通常包括对不遵守环保规定的行为进行处罚的措施，这些处罚可以是经济上的罚款，也可以是法律上的制裁。许多国家规定，对不按照规定处理废弃物的行为将处以罚款，这直接增加了消费者不遵守规定的成本。经济上的惩罚力度往往能促使消费者改变行为，遵循环境保护的要求。研究表明，当违规行为的经济成本增加时，消费者通常会更加倾向于遵守相关环保政策，从而减少对环境的负面影响。

环境保护政策中的违规处罚措施可以提高消费者对环保政策的认知和重视程度。当政策明确规定违规处罚时，消费者会更容易意识到环保规定的严肃性和重要性。明确的处罚措施能够使消费者清楚地了解到，不遵守环保规定不仅会导致环境问题，还会带来实际的经济损失。这种认知的提高有助于促使消费者主动了解和遵守环保政策，从而改善其环境保护行为。

违规处罚还可以通过建立社会规范来影响消费者行为。当社会普遍认为遵守环保规定是一种应尽的责任时，消费者往往会受到社会压力的影响，倾向于遵循相关政策。违规处罚作为政策的一个重要组成部分，能够通过法律手段强化这种社会规范，使消费者在面对环保行为选择时，更多地权衡社会对其行为的评价和可能面临的法律后果。这种社会规范的形成，有助于形成消费者积极的环保行为模式。

在实际操作中，环境保护政策中的违规处罚措施需要科学合理。过高或过低的处罚标准都可能带来负面效果。如果处罚过高，可能会引发消费者的抵触情绪，导致政策实施的阻力增加。相反，如果处罚过低，则可能无法产生足够的震慑作用，难以促使消费者改变行为。因此结合实际情况，制定合理的处罚标准，确保处罚措施的合理性和有效性，是政策成功实施的关键。

处罚措施的透明度和公正性也对消费者行为产生影响。消费者对违规处罚的态度往往与对处罚措施的透明度和公正性的感知密切相关。如果处罚措施的制定和执行过程不够透明，可能会引发消费者的不信任和抵触情绪，影响政策的实施效果。因此，政府和相关部门应当确保处罚措施公开透明，及时公示处罚信息，以增强政策的公信力和执行力。

环境保护政策还应当配套实施教育和引导措施，以帮助消费者理解政策的目的和意义。仅仅依靠处罚措施，往往难以彻底改变消费者的环保行为。通过环保教育和宣传，能够增强消费者的环保意识，让他们认识到遵守环保规定不仅是为了避免处罚，更是为了保护环境和实现可持续发展。因此，政府和环保组织在制定和实施环境保护政策时，应当综合考虑教育引导与处罚措施的配合，形成有效的政策组合。

环境保护政策中的违规处罚措施的效果，还受到社会经济环境的影响。经济发展水平、法律体系的健全程度、公众环保意识的普及程度等因素都会对政策的实施效果产生影响。因此，在制定和调整环境保护政策时，需要综合考虑这些因素，确保政策能够适应社会经济环境的变化，并在实施过程中发挥其应有的作用。

第四章　全链条协同治理下的包装生产过程优化

第一节　包装生产过程概述

一、包装生产过程的基本概述

（一）原材料准备

包装生产过程的原材料准备是确保包装质量、功能和经济性的关键环节，原材料的选择、处理和管理直接影响最终包装产品的性能和生产效率。以下将详细介绍包装生产过程中原材料准备的基本情况，包括原材料的种类、选择标准、准备流程以及处理方法等方面。

包装原材料的种类丰富多样，主要包括纸质材料、塑料材料、金属材料和玻璃材料等，每种材料都有其特定的特性和应用领域，根据包装需求的不同，可以选择合适的原材料进行生产。

纸质材料是包装行业中最常用的一种材料，其主要类型包括瓦楞纸、纸板、纸袋和纸箱等。瓦楞纸具有优良的缓冲性能和抗压强度，广泛用于纸箱和运输包装。纸板则用于生产各种包装盒和包装容器。纸质材料的选择通常基于其强度、耐水性、印刷性能和环保要求。在准备纸质原材料时，需要对纸张的质量进行检验，确保其符合生产标准。

塑料材料在包装行业中使用极为广泛，包括聚乙烯、聚丙烯、聚酯等。塑料材料具有优良的耐水性、耐油性和可塑性，适用于各种包装需求。原材料的选择主要依据其物理和化学特性，如透明度、强度、柔韧性等。在原材料准备过程中，需要确保塑料颗粒的纯度和均匀性，避免杂质和不良颗粒对最终产品产生负面影响。

金属材料主要用于生产罐头瓶、瓶盖等包装产品，常见的金属材料包括铝、钢和不锈钢。金属材料具有优良的阻隔性能和耐腐蚀性，适用于长时间的储存和运输。金属原材料的选择需要考虑其厚度、表面处理和强度等因素。在准备过程中，需要对金属卷材进行检查，以确保其表面光滑没有划痕或氧化现象。

玻璃材料主要用于生产瓶子、罐子和容器。玻璃具有优良的透明性、化学稳定性和阻隔性，适用于高档食品和药品包装。玻璃原材料的选择主要依据其纯度和熔点。在原材料准备过程中，需要对玻璃砂、石灰石等原料进行预处理和混合，以确保玻璃制品的质量和一致性。

（二）包装设计与开发

包装生产过程是一个复杂的系统，涉及从设计到制造的多个环节，每一步都对最终包装的质量、功能和成本有着直接影响。包装设计与开发是包装生产过程中的核心环节，其目的不仅是满足产品保护的基本需求，还要考虑美观性、功能性、经济性以及对环境的影响。以下将从包装设计的初期阶段到最终生产的各个环节详细阐述包装生产过程的基本内容以及对包装设计与开发的影响。

包装生产过程的第一步是设计。在这一阶段，设计师需要综合考虑产品的特性、市场需求、消费者的偏好以及生产成本等多方面因素。设计师通常会与客户进行详细的沟通，了解产品的特性和用途，从而明确包装的功能需求。对于食品包装来说，设计师需要考虑防潮、防氧化和保鲜等功能；而对于电子产品包装来说，则需要注重抗震和防静电等特性。

在设计过程中，设计师首先会制作初步的设计草图和概念图。这些草图通常包括包装的外观设计、结构布局、开封方式和印刷效果等。设计师需要考虑包装材料的选择，如纸板、塑料、玻璃等不同材料的特性以及其对产品保护的影响。设计师还需考虑包装的便捷性和用户体验，如易开盖设计、便于存储和携带等方面的需求。

（三）生产工艺与加工

在原材料准备完成后，生产进入了具体的加工环节。不同类型的包装材料有不同的加工工艺，但大致可以分为纸质包装、塑料包装、玻璃包装和金属包装。每种材料的加工工艺都涉及特定的设备和技术下面将分别介绍这些主要的工艺。

纸质包装的生产工艺包括制浆、造纸、印刷、涂布、切割和成型等步骤。制浆过程将木材或其他纤维原料经过化学或机械处理，制成纸浆。造纸过程则将纸浆经过抄纸机进行压制、干燥，制成纸张。纸张的表面可以进行印刷和涂布，以实现不同的图案和功能。印刷过程通常采用胶印、凹版印刷或丝网印刷等技术，将图案和文字印刷在纸张上。

涂布过程则可以提高纸张的光泽度和改善印刷效果。切割和成型则将纸张加工成所需的包装形状和尺寸，如纸盒、纸袋等。

塑料包装的生产工艺包括挤出、吹塑、注塑、压延和热成型等步骤。挤出工艺通过高温加热将塑料原料熔化，然后通过模具挤出成型，生产出塑料膜、管材等产品。吹塑工艺则用于生产中空塑料容器，如瓶子和桶。注塑工艺将熔融塑料注入模具中，冷却后形成固定形状，常用于生产复杂形状的包装容器。压延工艺将塑料薄膜通过辊筒加热和压制，形成薄膜材料。热成型工艺则将塑料片材加热至软化状态，然后通过模具成型，生产出如食品托盘、杯子等包装产品。

玻璃包装的生产工艺包括熔化、成型、退火和检验等步骤。熔化过程是将原料如砂、石碱和石灰等加热至高温，形成熔融玻璃。成型工艺通过吹制、压制或模具成型，将熔融玻璃制成各种形状的容器。退火过程是将成型后的玻璃在控制的温度下缓慢冷却，以消除内部应力，提高玻璃强度。检验环节需要对玻璃包装的外观、厚度、密封性等进行检测，以确保产品质量符合标准。

金属包装的生产工艺包括冲压、拉伸、焊接、涂层和印刷等步骤。冲压工艺是将金属片料放置在模具中，利用压力压制成所需的形状。拉伸工艺则用于制造深度较大的容器，如罐头瓶。焊接工艺是将金属片通过焊接技术连接在一起，形成包装容器的封闭结构。涂层工艺为金属包装添加保护层或装饰层，防止腐蚀和损坏，同时增加包装美观性。印刷工艺则通过丝网印刷或胶印技术，在金属表面印刷图案和文字。

在生产过程中，还需要进行严格的质量控制和检测。质量控制包括对原材料、生产工艺和成品的全面检测。常见的检测项目包括材料的强度、耐用性、密封性、卫生性等。检测设备和技术的应用可以确保包装产品符合相关的质量标准和法规要求，从而保证产品的安全性和可靠性。

包装生产的过程还涉及环保和资源管理。生产过程中可能会产生废料和副产品，需要采取有效的处理和回收措施。纸质包装生产中产生的废纸浆可以再处理，塑料包装生产中产生的边角料可以重新加工成再生材料，金属包装生产中产生的废金属可以回收利用。通过实施环保措施，包装生产企业可以减少对环境的影响，实现资源的循环利用。

（四）质量控制与测试

质量测试是包装生产过程中的重要环节，通常包括物理性能测试、化学安全测试和耐用性测试等。物理性能测试主要包括包装的强度、刚性、密封性等。对于纸板包装，需要测试其抗压强度和抗撕裂强度；对于塑料包装，需要测试其耐冲击性和耐磨损性。化学安全测试主要是确保包装材料不会释放对人体有害的物质，特别是对于食品包装材料来说，需要进行迁移测试，以检测是否有有害物质迁移到食品中。耐用性测试则包括包装在运输和储存过程中的性能测试，如跌落测试、震动测试等，以确保包装能够在实际使用中保持其功能和外观。

生产过程中的质量控制还需要定期进行产品检验和抽样检查。通过对生产线上不同批次的产品进行抽样检验，可以及时发现并解决生产过程中出现的问题，防止不合格产品流入市场。检验人员通常会按照制定的检验标准和方法，对产品进行全面检查，包括外观检查、尺寸测量、功能测试等。检验结果的记录和分析可以帮助生产管理人员识别生产中的潜在问题，进行改进和优化。

为了进一步提升包装生产过程中的质量控制水平，许多企业还引入了先进的检测技术和自动化设备。使用自动化检测设备进行产品的尺寸测量和缺陷检测，可以提高检测效率和准确性。在现代包装生产中，计算机辅助设计和计算机辅助制造（CAM）技术的应用也提高了设计和生产的精度，减少了人为的错误。

生产企业应建立完善的质量管理体系，如ISO9001等国际标准体系，以确保质量管理的规范化和系统化。通过制定详细的质量管理程序和操作规程，进行员工培训和质量意识的增强的活动，可以进一步提高生产过程中的质量控制水平。质量管理体系还包括对供应链的管理，确保原材料的质量符合标准，以及对生产设备的维护和校准，确保生产设备的精度和可靠性。

二、包装生产过程中的关键环节

（一）生产设备选择

设备的选择在生产阶段尤为重要。不同类型的包装产品需要不同的生产设备。纸质包装产品，可能需要使用折叠机、胶粘机和印刷机等设备；塑料包装产品，则可能需要使用热成型机、填充机和封口机等设备。在选择设备时，需要考虑设备的生产能力、运行稳定性、维护成本，以及与其他生产设备的兼容性。

生产设备的选择不仅会影响生产效率，还直接关系到包装质量和生产成本。设备的生产能力需与生产需求相匹配。生产设备的效率和速度决定了生产线的整体生产能力，因此在选择时需要充分考虑生产量的需求。设备的运行稳定性也是一个重要因素，稳定的设备能够减少生产过程中的故障和停机时间，从而提高生产效率和降低维护成本。

维护成本也是选择生产设备时需要重点考虑的因素，设备的维护成本包括设备的保养、维修以及更换零部件的费用。选择那些易于维护和维修的设备能够有效降低长期运行成本，设备的能耗也是一个重要的考虑因素，高效能设备不仅能降低生产成本，还有助于实现节能减排和绿色生产的目标。

在生产运行阶段，设备的操作和管理也非常重要。操作人员需要经过专业培训，以熟悉设备的操作流程和维护保养要求。设备的管理则包括对生产过程的监控、生产数据的记录和分析。这些操作和管理措施可以及时发现生产中出现的问题，并进行相应的调整和优化。

（二）环保与可持续生产

1. 废料管理

在包装生产过程中，废料管理是一个至关重要的环节，它不仅影响生产效率和成本，还对环境保护和企业的可持续发展产生深远的影响。包装生产涉及各种材料的使用，这些材料在加工过程中往往会产生大量的废料。有效的废料管理可以显著减少废料，进而降低生产成本，提升资源利用率，并减少对环境的负面影响。以下将详细探讨包装生产过程中的废料管理，包括废料产生的原因、废料管理的策略、废料回收利用的实践，以及面临的挑战和解决方案。

在包装生产过程中，废料产生的原因主要有以下几个方面：首先是原材料的浪费。在生产初期，原材料的切割、冲压和成型等工序中，常常会产生边角料和不合格品。这些废料在生产过程中是不可避免的，但其数量和比例可以通过优化生产工艺和精确材料计算来减少。生产过程中设备的调试和运行也可能会产生废料。在模具更换和设备调整过程中，可能会产生一些试验品和废料。在包装生产过程中还可能由于操作失误、材料质量问题和工艺不稳定等原因产生废料，这些都影响废料的产生。

废料管理的策略主要包括减少废料、提高废料回收利用率和合理处置废料三个方面。减少废料产生是废料管理的核心策略。企业可以通过改进生产工艺、提高设备精度和优化材料利用率来实现减少废料的目标。通过引入先进的生产技术和设备，如激光切割、计算机数控（CNC）加工等，可以减少原材料的切割和加工损耗。在设计阶段，设计师可以考虑减少材料的使用，例如采用模块化设计和材料优化设计，以减少生产中产生的废料。

提高废料回收利用率是废料管理的另一项重要策略。废料回收不仅可以减少对新材料的需求，还可以降低生产成本，减轻环境负担。在包装生产过程中，废料通常包括纸屑、塑料边角料、金属屑等。企业可以建立完善的废料回收系统，将这些废料进行分类和处理。将废纸和纸板进行打包和回收，再加工成再生纸产品；将废塑料进行清洗和再加工，生产出可以再利用的塑料颗粒；将金属废料进行熔化和重新加工，制造出新的金属产品。通过这些措施，企业可以将废料转化为有价值的资源，实现资源的循环利用。

合理处置废料是废料管理的最后一步，对于无法回收利用的废料，企业需要采取适当的处置方法。处置方法包括焚烧、填埋和安全处置等。焚烧是将废料进行高温燃烧，将其转化为灰烬和气体，这种方法适用于不能回收的废料，如某些有害物质。但焚烧过程需要严格控制，以防止有害气体的排放对环境造成影响。填埋是将废料埋入土壤中，这种方法适用于大多数固体废料，但填埋场的选择和管理需要遵循环保法规，以避免土壤和水源的污染。安全处置则是对废料进行特殊处理，如化学处理或生物处理，以降低废料对环境造成的危害。

在废弃物管理的实践中，一些企业已经采用了先进的废弃物管理方法，取得了显著的效果。一些包装生产企业引入了零废弃物生产模式，即通过优化生产工艺、提高回收利用率和减少废弃物，实现生产过程中的零废弃物模式。这种模式不仅提高了资源的利用效率，还降低了生产成本和环境负担。一些企业还通过与专业废弃物处理公司合作，建立了完善的废弃物管理体系，确保废弃物的回收、处理和处置符合环保法规和标准。

2. 节能减排

包装生产过程中的关键环节涵盖了从原材料选择到最终产品制造的各个阶段。在这个过程中，节能减排不仅是提高生产效率的要求，也是响应环境保护号召、实现可持续发展的重要举措。以下将详细介绍包装生产过程中的关键环节及其节能减排的措施和策略。

在包装生产的原材料选择和准备阶段，节能减排的措施主要集中在优化材料的选择和减少废弃物。在原材料的选择上，应优先考虑那些具有较低环境影响的材料。选择可再生材料或可回收材料，如再生纸、植物基塑料等，可以减少对自然资源的消耗和环境负担。在原材料的准备过程中，通过精准的需求预测和材料规划，减少过量采购和材料浪费，从源头上控制废弃物的产生。

在生产工艺方面，节能减排的关键在于优化生产流程和引入高效设备。以纸质包装为例，在制浆和造纸过程中，采用高效的节能设备和工艺，如优化的抄纸机和热回收系统,可以显著减少能源消耗。采用无氯漂白技术和低能耗的干燥设备,也有助于降低生产过程中的能源消耗。在塑料包装的生产过程中,通过挤出、吹塑、注塑等工艺,提高设备的能效和减少热量损失,能够有效降低能源消耗。使用先进的变频驱动技术和自动化控制系统,可以根据实际需求调整设备的运行速度,降低能耗。

生产设施的设计与管理也是节能减排的重要环节。现代包装生产设施应考虑能源的有效利用和废弃物的最小化。采用节能照明系统、优化通风系统和高效的加热与冷却系统,可以降低设施的总体能源需求。定期对设备进行维护和校准,以确保其高效运行,也是降低能源消耗的重要措施。通过实施能源管理系统(EMS),监测和分析生产过程中的能源使用情况,可以识别出能源浪费的环节,并采取相应的改进措施。

在产品加工与成型阶段,节能减排的措施包括改进加工工艺和优化生产参数。在金属包装的冲压和拉伸过程中,通过优化模具设计和调整加工参数,可以减少材料浪费和能源消耗。在塑料包装的热成型过程中,采用高效的加热和冷却技术可以减少能源的使用。通过合理的生产调度和工艺改进,可以减少生产过程中设备的闲置和非生产时间,从而进一步降低能源消耗。

废料管理与回收也是包装生产过程中的一个重要环节。有效的废料管理可以显著减少生产过程中的资源浪费和环境污染。生产过程中产生的边角料和废料应当进行分类和回收,以便重新利用。在纸质包装生产中,废纸浆可以经过处理后重新用于生产新纸张;在塑料包装生产中,废塑料可以通过再加工变成再生塑料。通过建立闭环回收系统和优化废料处理流程,可以降低对原材料的需求,减少废弃物对环境的影响。

节能技术和创新的应用也为包装生产过程中的节能减排提供了新的途径。随着科技的进步,许多新兴的节能技术和设备被应用于包装生产中。太阳能和风能等可再生能源的应用可以降低对传统能源的依赖,智能制造和工业互联网技术可以优化生产过程,提高生产效率,减少能源消耗。研发和应用新型的环保材料和节能设备,如高效的电机和热回收系统,也有助于实现生产过程中的节能减排目标。

员工培训和意识增强也是实现节能减排的一个重要方面。通过定期对员工进行节能减排的培训,提升他们的环保意识和节能技能,员工能够在生产过程中落实节能措施。培训员工正确的设备操作方法、维护保养知识和废料管理技能,可以有效减少能源浪费和材料浪费。激励机制和绩效考核也可以促使员工积极参与节能减排活动,推动生产过程的持续改进。

在质量控制与检测阶段，节能减排的措施主要集中在减少废品率和优化生产流程。通过实施严格的质量控制和检测标准，确保生产过程中的每一个环节都符合规范，可以减少因质量问题而产生的废料和能源浪费。采用在线检测技术和自动化控制系统，可以实时监控生产过程中的质量情况，及时调整生产参数，以降低废品率。通过优化生产工艺和改进设备性能，也可以提高生产效率，进而降低单位产品的能源消耗。

政策法规和标准的制定和实施同样对包装生产过程中的节能减排起到了指导和推动作用。许多国家和地区已制定了一系列环保法规和标准，要求生产企业采取节能减排措施。能源效率标准、废料回收要求和环境保护法规等，这些政策法规为企业提供了明确的节能减排目标和实施路径。企业应当积极遵守相关法规，制订符合政策要求的节能减排计划，并定期进行自查和评估，以确保生产过程中的节能减排目标得以实现。

第二节 全链条协同治理下的节能减排技术

一、节能减排技术的全链条应用

（一）生产环节的节能技术

节能减排技术在现代制造业中扮演着至关重要的角色，旨在降低能源消耗、减少废弃物排放，提高生产效率。生产环节的节能技术，作为全链条节能减排技术中的重要组成部分，包括从原材料的采购、生产工艺、设备的使用到产品制造过程中的各个方面。这些技术不仅有助于节约能源、降低成本，还能减轻环境负担，促进可持续发展。

生产环节的节能技术在原材料采购阶段就已开始发挥作用。选择低能耗、低排放的原材料是节能减排的起点。在钢铁生产中，采用电弧炉代替传统的高炉生产方式，可以显著降低能源消耗。使用高效的原材料，如优质废钢替代部分生铁，也能减少生产过程中所需的能量。原材料的回收和再利用技术也是节能减排的重要手段，通过对废料的回收和再加工，可以减少对新材料的需求，从而降低能源消耗和减少废弃物的产生。

在生产工艺方面，采用先进的节能技术和工艺优化技术可以显著提高能效。热回收技术能够在生产过程中回收和再利用废热，从而降低对外部能源的需求。热回收系统通过将生产过程中产生的废热转化为可利用的热能，能够有效减少能源的浪费。工艺优化技术如精密控制技术和自动化控制系统也能显著提高生产效率，减少能源消耗。通过精准控制生产过程中的温度、压力、流量等参数，可以减少能源的过度消耗，确保生产过程的高效运行。

设备的节能改造是生产环节节能减排的重要措施之一。生产设备通常是能源消耗的主要来源，因此对设备进行节能改造可以带来显著的节能效果。将设备升级为高效电动机和变频器，可以有效降低电能消耗。传统电动机在运转过程中存在能效损失，而高效电动机和变频器则能够根据实际负荷调整运转速度，从而减少不必要的能源消耗。另一个常见的设备节能改造是改进设备的保温性能，通过对设备进行保温处理，可以减少热量的流失，提高能效。

能源管理系统（EMS）的引入也对生产环节的节能减排起到了重要作用。能源管理系统通过实时监测和分析生产过程中的能源使用情况，能够识别出能源浪费的环节，提供优化建议。系统通过数据采集、分析和处理，能够对能源消耗进行全面管理和控制，从而提高能源的使用效率。能源管理系统还可以帮助企业制定合理的能源使用计划和策略，实现能源的最优化配置。

在生产过程的节能减排技术中，节能灯具的应用也不容忽视。生产车间中常常需要大量的照明设备，传统的照明灯具如白炽灯和荧光灯能效较低，而LED灯具则具有更高的能效和更长的寿命。LED灯具的使用不仅能显著降低照明能耗，还能减少维护和更换的频率，从而进一步降低生产成本。采用智能照明系统，可以根据生产过程中的实际需求自动调整照明强度，避免不必要的能源浪费。

生产环节中的节水技术也是节能减排的重要组成部分。水资源的节约不仅可以降低能源消耗，还能降低生产成本。循环水系统能够在生产过程中回收和再利用水资源，从而减少对新鲜水源的需求。先进的水处理技术如膜分离技术和反渗透技术能够有效去除水中的污染物，使水资源得到更高效的利用和再生。通过这些技术的应用，可以显著降低水资源的消耗和废水的排放，进而实现节能减排的目标。

（二）物流环节的节能技术

节能减排技术在物流环节的应用是当前企业和社会在环保压力和能源成本上涨的背景下重要策略。物流环节作为供应链的重要组成部分，其节能减排的效果不仅能直接降低运营成本，还能显著减少对环境的影响。全链条节能减排技术的应用，涵盖了从运输、仓储到配送的各个方面。以下是物流环节节能技术的详细扩展。

运输环节是物流中最主要的能耗来源。为了实现节能减排，企业在运输过程中可以采取多种技术措施。优化运输路线是一个有效手段。通过使用先进的路线规划系统和运输管理系统（TMS），可以动态调整运输路线，减少空驶和重复路线，从而降低油耗和排放。合理规划运输车辆的装载量和装卸顺序，避免空车和车辆过度运行，也是节能减排的重要措施。

现代技术的应用也极大地推动了运输环节的节能减排。使用高效节能的车辆，如混合动力车、电动物流车等，能够显著降低化石燃料的消耗。这些车辆不仅具备较高的燃油效率，还能通过回收制动能量等技术进一步降低能耗。定期对车辆进行维护和检修，以确保车辆处于最佳工作状态，也是保证燃油经济性和减少排放的关键措施。

在仓储环节，节能减排技术的应用同样至关重要。仓储设施的能源管理是节能的一个重要方面。使用高效的照明系统如LED灯具，能够显著减少电力消耗。利用自动化仓储系统和智能控制系统，可以有效地控制仓库的温度和湿度，减少不必要的能源浪费。通过智能化的仓储管理系统，可以实时监控和调节仓储环境，进一步降低能源消耗。

另外，仓库的设计和布局也是影响能效的重要因素。采用高效的建筑材料和保温技术，减少能源流失和消耗，例如高效隔热材料和智能遮阳系统等，可以在建筑物的设计阶段就实现节能目标。合理设计仓库的空间布局，优化货物存放和搬运流程，减少能源消耗的同时还能够提高仓储的运营效率。

在配送环节，节能减排技术的应用同样不容忽视。智能配送系统的引入可以优化配送路线，减少配送时间和油耗。通过数据分析和预测模型，配送系统可以根据实时交通状况和订单需求，调整配送计划，避免高峰时段和交通拥堵带来的额外能耗。利用大数据和人工智能技术，企业可以精确预测客户的需求和库存状况，减少库存积压和过度配送，从而减少不必要的运输和能耗。

物流环节的节能减排还涉及包装的优化。采用环保材料和减少包装层数，不仅可以减少材料的使用，还能减轻运输过程中对环境的负担。使用可降解和可回收的包装材料，以及优化包装设计以减少空隙和浪费，这些措施都可以有效地减少物流环节的资源消耗和排放量。

节能减排技术的实施离不开全员的参与和企业文化的支持。培养和增强员工的节能意识，可以使节能减排的理念深入人心，促进全员参与到节能活动中。企业还可以通过建立节能奖励机制，鼓励员工提出节能建议和创新方案，进一步推动节能减排技术的应用和推广。

二、全链条协同治理中的减排技术

(一)全链条数据监控与分析

全链条数据监控与分析是全链条减排技术的重要组成部分。有效的数据监控可以提供实时的排放信息,帮助管理者了解各个环节的排放情况,从而制定相应的优化措施。数据分析则通过对监控数据的深入分析,揭示排放的规律和趋势,为减排技术的改进提供依据。

数据监控首先需要建立全面的监控系统,包括传感器、数据采集装置和数据传输网络等。这些设备可以实时采集排放源、传输途径和末端处理等环节的数据,并将其传输到数据中心进行集中处理。监控系统的设计应考虑数据的准确性和实时性,确保能够及时反映排放情况。

数据分析则涉及多个方面的工作。首先是数据清洗和预处理,包括去除噪声数据和填补缺失值等。其次是数据建模和分析,通过统计分析、机器学习等方法,揭示排放数据中的规律和趋势。这些分析结果可以帮助管理者识别排放的关键因素,评估减排措施的效果,并对未来的排放趋势进行预测。此外,数据分析还可以辅助决策制定,通过模拟不同减排措施的效果,选择最优的治理方案。

全链条协同治理中的减排技术不仅涉及具体的技术手段,还需要各个环节之间的协调配合。在治理过程中,各个环节的管理者和技术人员应保持密切的沟通和协作,共同解决可能出现的问题。在源头治理中发现的问题应及时反馈给末端处理环节,以便进行调整和优化。同时,数据监控和分析的结果也应及时反馈给各个环节,以便进行针对性的改进。

(二)绿色供应链管理

在当前全球环境保护和可持续发展的背景下,减排技术和绿色供应链管理已成为企业运营中的重要组成部分。全链条协同治理中的减排技术通过整合供应链各个环节的资源和管理手段,旨在最大限度地减轻环境负担,提高企业的环保绩效和经济效益。绿色供应链管理则通过对供应链各个环节的环境影响进行综合考量,推动企业在采购、生产、运输、销售等环节中采取更为环保的措施。

第三节　生产环节中的资源优化策略

一、资源优化的基本策略

（一）生产流程优化

在生产过程中，资源优化是提高企业效率和降低成本的关键。资源优化不仅包括原材料的有效使用，还涉及人力、设备和时间等多个方面的管理。为了实现生产流程的优化，需要从多个角度入手，对生产环节进行全面的分析和改进。

资源优化的基础在于对现有生产流程的全面了解和分析。生产流程的每一个环节都可能影响资源的使用效率。因此，对生产线进行细致的流程分析，找出每个环节的瓶颈和浪费点，是优化的首要步骤。在这个过程中，可以通过流程图、价值流图等工具来帮助识别问题区域，并评估各个环节的实际运行情况。

合理规划和配置生产资源是优化的重要方面。资源规划包括生产计划的制订、物料需求的预测和设备使用的安排。精确的生产计划，可以有效避免原材料和半成品的过度库存，减少库存成本和占用的存储空间。物料需求预测则可以通过数据分析和市场调研来准确估算原材料的需求量，从而降低采购成本和原材料的浪费。

优化生产流程还涉及生产过程的标准化和规范化。通过制定详细的操作标准和作业指导书，确保每个环节按照既定的流程进行，从而减少生产过程中的变异和错误。标准化的生产流程有助于提升生产的稳定性和产品的一致性，降低不合格产品率，进而节省资源和降低成本。

信息化和数字化技术的应用是现代生产流程优化的重要手段。引入企业资源计划（ERP）系统和生产执行系统（MES），可以实现对生产过程的实时监控和数据分析。这些系统能够提供生产数据的实时反馈，帮助企业及时调整生产计划和优化资源配置。数据分析还可以揭示生产过程中潜在的问题，提供改进建议，从而进一步提高生产效率和提高资源利用率。

生产流程优化还需要重视供应链管理。供应链的每个环节都可能影响生产资源的使用。因此，优化供应链管理，确保原材料和部件的及时供应，是实现资源优化的一个重要方面。通过与供应商建立紧密的合作关系，制订合理的采购计划和物流安排，可以减少供应链的延迟和中断，从而提高生产的连续性和稳定性。

（二）原材料采购优化

在生产环节中，资源优化是提高企业效率和竞争力的重要手段。特别是在原材料采购方面，优化策略能够显著降低生产成本，提高资源利用率，提升企业的市场竞争力。以下是原材料采购优化基本策略。

构建科学的需求预测系统是优化原材料采购的基础。准确的需求预测能够帮助企业更好地制订采购计划，减少库存积压和缺货情况。企业可以利用历史数据、市场趋势和销售预测模型来预测未来的原材料需求量。先进的数据分析工具和算法可以提高预测的准确性，从而使采购计划更加合理，降低过度采购和缺货的风险。

选择可靠的供应商和建立战略合作伙伴关系是优化采购的重要环节。企业应通过多种渠道筛选供应商，评估其供应能力、产品质量和服务水平。通过建立长期的合作关系，企业可以获得更优惠的采购价格、稳定的供应保障和更高的服务质量。与供应商进行战略合作，有助于共同研发新材料、改进生产工艺和降低成本，从而实现双赢。

实施采购集中化和标准化管理可以有效降低采购成本。采购集中化是指将所有或大部分采购活动集中在一个部门或团队中进行，以提高采购的效率和谈判能力。标准化管理则包括制定统一的采购标准和流程，减少采购过程中的随意性和不确定性。通过集中化和标准化管理，企业可以利用规模效应和谈判技巧获得更有利的采购条件，优化资源配置。

采用现代化的信息技术系统来支持采购过程是提高效率的关键。企业可以引入企业资源计划系统、供应链管理（SCM）系统等信息化工具，实时监控原材料库存、采购进度和供应商表现。这些系统不仅能提高采购过程的透明度，还能帮助企业快速响应市场变化和调整采购策略。在信息技术的支持下，企业能够更精准地掌握采购数据，从而做出更明智的决策。

优化原材料库存管理是控制成本的重要措施。企业应根据实际需求和供应链状况合理设置库存水平，避免过高或过低的库存。一方面，过高的库存可能导致资源浪费和资金占用；另一方面，过低的库存则可能造成生产中断和交货延迟。通过运用先进的库存管理技术，如库存优化模型和库存控制系统，企业可以实现库存的动态调整和精确控制，从而提高资源的利用率。

进行原材料采购成本分析和控制也是优化采购的关键环节。企业应定期对采购成本进行分析，找出成本构成中的主要因素和潜在的节约空间。通过成本分析，可以识别出高成本的原材料或供应商，探索降低成本的途径，如优化供应链、改进采购流程或寻找替代材料。成本控制还包括监控和审查采购合同，确保合同条款公平合理，避免不必要的费用和隐形成本的产生。

推动绿色采购和可持续发展是现代采购管理的趋势。企业应考虑原材料的环境影响和社会责任，选择符合环保标准和可持续发展的供应商。绿色采购不仅有助于提升企业的社会形象，还能降低环境法规风险和提升资源利用效率。推行绿色采购，可以获得长期的经济效益和环境效益。

建立采购绩效评价体系也是优化原材料采购的重要措施。企业应定期评估采购部门的绩效，包括供应商交货准时率、采购成本控制、库存管理效果等方面。通过绩效评价，可以发现并解决采购过程中存在的问题，提升采购团队的工作效率和能力。绩效评价还可以作为激励机制，激发采购人员的积极性和创造性。

开展供应链协同和信息共享是优化采购的有效手段。企业与供应商之间的协同和信息共享能够提高供应链的整体效率。供应商通过共享需求预测、生产计划和库存信息，可以更好地安排生产和配送，减少供应链中的不确定性和延迟。企业还可以与供应商合作，共同制定改进方案，提升供应链的响应速度和灵活性。

定期进行市场调研和供应市场分析也是优化采购的重要策略。市场环境和供应市场的变化可能对原材料采购产生影响。企业应关注市场价格走势、供应链风险和政策变化，及时调整采购策略。通过市场调研，企业可以把握市场动态，制订采购计划，规避潜在风险。

二、资源优化的实施策略

（一）实时监控系统

在当今资源日益紧张和环境问题日益严峻的背景下，资源优化已成为企业和政府部门必须面对的重要任务。资源优化的实施不仅需要科学的管理方法，还需要先进的技术手段作为支持。而实时监控系统作为资源优化的核心工具，发挥着不可或缺的作用。通过实时监控系统，能够对资源的使用情况进行精准跟踪，从而制订和调整优化策略，实现资源的高效利用和管理。

实时监控系统在资源优化中的作用主要体现在数据采集、实时分析和动态调整三个方面。该系统通过各种传感器和数据采集装置，对资源使用的各个环节进行全面的数据收集。这些数据包括能源消耗、物料使用、设备运行状态等。传感器能够实时监测资源的流动情况，数据采集装置则将这些数据传输到中央处理系统进行集中处理。建立一个完善的数据采集和传输网络，可以确保数据的实时性和准确性，为后续的分析和决策提供坚实的基础。

实时监控系统的实时分析功能是资源优化的重要环节。该系统通过对收集到的数据进行即时处理和分析，能够快速识别资源使用过程中的异常情况和潜在问题。比如，在能源管理中，通过实时分析能源消耗数据，可以及时发现能源使用的不平衡或浪费情况，从而采取相应的纠正措施。在设备管理中，通过对设备运行状态的实时监控，可以预测设备可能出现的故障，提前对其进行维护或更换，避免因设备故障导致的资源浪费。这种实时分析机制不仅可以帮助企业和管理者快速响应问题，还可以为资源优化提供科学依据。

动态调整是资源优化的最终目标。通过实时监控系统获得的数据和分析结果，管理者可以根据实际情况对资源使用策略进行调整。比如，在生产过程中，根据实时监控数据调整生产计划和物料采购策略，从而减少库存积压和降低生产成本。在能源管理方面，根据实时监控数据调整能源供应和使用策略，优化能源配置，降低能源成本。在环境管理方面，根据实时监控数据优化废弃物处理和排放控制措施，减少对环境的影响。这种动态调整能够确保资源的使用始终保持在最佳状态，实现资源利用的最大化。

为了有效实施实时监控系统，需要考虑几个关键因素。首先是系统的硬件设施，包括传感器、数据采集装置和网络设备等。这些设备的选择应根据具体的资源监控需求进行，以确保其性能能够满足监控要求。其次是系统的软件平台，包括数据处理和分析软件。此类软件应具备强大的数据处理能力和分析功能，能够处理大规模的数据并提供精确的分析结果。软件平台还应具备良好的用户界面，以便管理者进行操作和决策。

实时监控系统的实施还需要考虑数据安全和隐私保护。实时监控系统涉及大量的敏感数据，必须采取有效的安全措施，以确保数据的完整性和保密性。这包括对数据传输过程进行加密，对存储系统进行安全保护，防止数据泄露和篡改。同时，还应建立完善的数据备份机制，以防止数据丢失或损坏。

员工培训和系统维护是成功实施实时监控系统的重要因素。管理人员和操作人员需要接受系统使用和维护的培训，掌握系统的基本操作和故障处理方法。还需要定期对系统进行维护和升级,确保其长期稳定运行。系统的维护包括硬件的检查和更换、软件的更新和优化,以及数据的定期备份和恢复等。

在实际应用中,实时监控系统的资源优化效果已得到了广泛验证。以能源管理为例,许多企业通过实施实时监控系统,实现了能源消耗的显著降低。通过对能源使用情况的实时监测和分析,企业能够及时发现能源浪费问题,并采取有效措施进行整改,从而降低能源成本,提高能源使用效率。在生产管理方面,实时监控系统可以帮助企业优化生产流程,减少物料浪费,提高生产效率。在环境管理方面,实时监控系统能够实时监测废弃物排放情况,帮助企业控制排放量,符合环保要求,减少环境污染。

(二)员工培训与激励

1. 员工培训

在生产环节中,资源优化是提高企业生产效率、降低成本、减少环境影响的重要策略。有效的资源优化不仅涉及生产设备、原材料的高效利用,还包括生产过程的改进和员工培训的强化。员工培训在资源优化中扮演着至关重要的角色。通过提升员工的技能和增强其环保意识,可以显著改善生产环节的资源利用情况。

在员工培训中,还应关注培训内容的实用性和针对性。为此,企业应根据不同岗位的需求,制订相应的培训计划和课程。生产线操作工需要掌握设备操作和维护技能,而采购部门的员工需要了解供应链管理和绿色采购的相关知识。针对不同岗位的培训,可以更有效地提高员工的实际操作能力和业务水平。

企业应建立完善的培训评估和反馈机制。通过对培训效果进行评估,企业可以了解培训的实际效果和存在的问题,并及时进行调整和改进。定期的反馈和沟通可以帮助企业了解员工在培训后的实际应用情况,从而进一步优化培训的内容和方式。

2. 激励机制

在生产环节中,资源优化的实施策略包括激励机制的设计与应用,激励机制可以显著提升员工的工作积极性和生产效率,从而优化生产资源的使用。设计有效的激励机制需要从多个方面入手,以确保其能够真正发挥作用,推动企业生产目标的实现。

明确激励目标是设计激励机制的基础。企业在制定激励政策时,应明确激励的具体目标,这些目标可能包括提高生产效率、降低生产成本、提升产品质量和降低废品率等。明确的目标可以帮助企业在激励机制的设计过程中,确定所需的激励措施,并有效的评估激励效果。

激励机制的设计应综合考虑物质激励和精神激励。物质激励通常包括奖金、提成、股权激励等，直接与员工的经济利益挂钩。物质激励的优势在于其直观和即时的效果，能够有效地激发员工的工作热情和动力。企业可以根据生产线的绩效表现，设立月度或季度奖金，奖励生产效率高、质量优良的团队或个人。股权激励则能使员工分享企业的长期发展成果，增强其对企业的认同感和忠诚度。

精神激励包括员工的荣誉称号、工作成就认可、职业发展机会等。这些措施虽然不直接涉及经济利益，但能够提升员工的工作满意度和增强成就感。例如，设立"优秀员工"奖，定期举办表彰大会，为表现突出的员工颁发证书或奖杯，可以有效地提高员工的工作积极性。提供培训和晋升机会，使员工看到自身的职业发展前景，也能增强其工作动力。

激励机制的设计还需要考虑公平性和透明性。公平的激励机制能够有效防止员工之间的矛盾和不满情绪的产生。企业应根据员工的实际贡献和绩效情况进行奖励，避免出现"唯亲唯熟"的现象。透明的激励机制可以使员工对奖励标准和程序有清晰的了解，增强其对激励政策的信任感。通过设立明确的绩效评价标准和公开的奖励评选程序，确保每位员工的努力和贡献都能得到公正的评价和奖励。

激励机制的实施需要充分考虑员工的个性化需求。不同的员工可能对激励措施有不同的偏好，有些员工可能更看重经济利益，而有些员工可能更注重职业发展和个人成长。因此，企业在制定激励措施时，应该综合考虑员工的多样化需求，设计出符合员工期望的激励方案。为此，企业可以通过员工调查和沟通，了解员工的真实需求和意见，从而制定出更具针对性和有效性的激励措施。

激励机制的实施效果需要定期进行评估和调整。企业应建立反馈机制，收集员工对激励措施的意见和建议，了解激励政策的实施效果。通过定期的绩效评估和效果分析，及时发现激励机制中的不足之处，并进行必要的调整和改进。如果发现某一激励措施的实际效果未能达到预期，可以根据员工的反馈和数据分析结果，对激励措施进行优化，确保其能更好地发挥作用。

激励机制的有效实施不仅需要企业管理层的支持和推动，还需要全体员工的积极参与。为此，企业管理层应充分沟通激励政策的目的和意义，确保员工理解激励机制的核心内容和预期效果。鼓励员工积极参与激励机制的设计和实施过程，通过员工的参与和建议，使激励机制更加符合实际情况，增强其实施效果。

在实际操作中，企业可以结合自身的特点和需求，设计出多样化的激励方案。对于生产线上的一线工人，可以通过设立生产目标奖励、技能培训补贴等措施，激励他们提高生产效率和产品质量。而对于管理层和技术人员，则可以通过设立创新奖励、职业发展支持等方式，激励他们在工作中提出创新建议和改进方案。

第四节 实施节能减排的案例分析

一、国内节能减排案例分析

（一）某钢铁企业节能改造案例

在国内钢铁行业，节能减排已经成为重要的发展趋势。钢铁企业在生产过程中会消耗大量能源，并排放大量污染物，因此节能改造不仅有助于降低生产成本，还能有效减少对环境的影响。以下是某钢铁企业在节能改造方面的案例分析。

该钢铁企业是一家大型的国有钢铁企业，拥有完整的生产线，包括高炉、转炉、轧钢等多个环节。随着国家对节能减排政策的加强和环保标准的提高，该企业决定对生产线进行全面的节能改造，旨在提升能源利用效率和减少废气排放。

该企业对现有的生产设施进行了详细的能源审计。通过能源审计，企业能够准确识别出能源消耗的主要环节和潜在的节能机会。高炉炼铁过程中，热能的利用效率较低，且废气排放量大；转炉炼钢过程中，氧气和燃料的使用也存在一定的浪费。通过对这些环节的深入分析，企业确定了节能改造的重点领域。

在高炉方面，该企业采取了多项节能措施。第一，对高炉的炉体进行改造，提高了炉体的绝热性能。改造后的高炉可以更有效地保持炉内温度，从而减少了热量的损失。第二，企业引入了高效的燃料喷吹技术，通过优化燃料喷吹系统，提高了燃料的燃烧效率，降低了燃料消耗。第三，企业还采用了废气回收技术，将高炉排放的废气经过冷却和净化处理后，回收其中的热能用于加热炉内的空气和燃料。上述改造措施显著提高了高炉的热能利用率，减少了能源消耗。

在转炉炼钢环节，企业进行了氧气浓度的优化调整。通过提高转炉中氧气的浓度，可以加快炼钢过程中的化学反应速度，提高钢液的质量和生产效率。企业还改进了炉内的搅拌装置，使其更加高效地进行钢液搅拌，进一步提高了能源利用率。这些改造不仅提升了生产效率，还降低了能源消耗。

在轧钢环节，企业重点改造了轧机的能量回收系统。传统的轧机在生产过程中会产生大量的废热，而这些废热往往被直接排放。改造后的轧机安装了热能回收装置，可以将废热转化为电能或用于加热生产所需的其他介质。通过这一改造，企业不仅减少了能源浪费，还降低了电力消耗，提高了生产过程中的能源利用效率。

企业还在生产设施中引入了智能化的能源管理系统。该系统通过实时监控和数据分析，对各个生产环节的能源消耗进行精确管理。系统能够根据生产需求和实际能源消耗情况，自动调整能源的使用策略，避免了能源的浪费。通过智能化管理，企业能够及时发现并解决能源管理中存在的问题，实现更高效的能源利用。

在节能改造过程中，该企业还注重员工的培训和意识的增强。通过定期开展节能知识培训和节能文化宣传，增强了员工的节能意识和提高了操作技能。企业鼓励员工提出节能改进建议，并对优秀的节能建议进行奖励。这种做法不仅提升了员工的参与感和积极性，还促进了节能改造措施的落实和效果的提升。

经过一系列的节能改造，该企业取得了显著的成果，能源消耗明显降低。例如，高炉的热能利用效率提高了15%，转炉的燃料消耗减少了10%，轧机的电力消耗降低了12%。这些改造措施大大降低了生产成本，提高了企业的经济效益。废气排放量显著减少。废气回收技术和热能回收系统的应用，使得企业的废气排放量减少了20%，对环境的影响得到了有效控制。生产效率得到了提升。改造后的生产线更加高效稳定，生产能力提高了10%，产品质量也得到了提高。

（二）某水泥厂节能技术升级案例

在国内节能减排的实践中，水泥行业作为高能耗、高排放的行业已成为重点关注的领域。近年来，许多水泥厂通过技术升级和管理创新，取得了节能减排的显著成效。以下是某水泥厂节能技术升级的案例分析，该案例展示了在实际操作中如何通过先进技术和有效管理实现节能减排的目标的过程。

某水泥厂位于中国东部的一个工业城市，年产水泥能力达200万吨。随着环境保护政策的日益严格和能源价格的上涨，厂区面临着严峻的节能减排压力。为响应国家节能减排的号召，该水泥厂决定进行全面的技术升级，以提高能源利用率，降低生产过程中的能耗和排放。

该水泥厂在节能技术升级方面采取了多个措施。其中,最为显著的是引入了先进的预热器和窑尾热回收系统。在传统的水泥生产工艺中,预热器和窑尾热回收系统的效率较低,导致大量的热能被浪费。因此,该厂对预热器进行了改造,升级为高效的循环预热器系统。这种系统通过提高热交换效率,能够将废气中的热能有效地回收利用,从而减少对燃料的需求。窑尾热回收系统的升级也显著提升了热能的回收效率,进一步降低了燃料消耗。

水泥厂还引进了先进的变频驱动技术。在水泥生产过程中,粉磨系统和风机是主要的耗能设备。传统的电机驱动系统的能效较低,而变频驱动技术能够根据实际负荷的变化调整电机的运行速度,从而降低能源消耗。通过对粉磨系统和风机的变频改造,水泥厂在不影响生产能力的前提下,显著降低了电力消耗,提升了能效。

在废气治理方面,水泥厂也进行了技术升级。厂区引进了先进的电除尘器和湿法脱硫装置,用于处理生产过程中产生的废气。电除尘器能够高效地捕集废气中的粉尘,减少大气中的颗粒物排放。湿法脱硫装置则通过化学反应将废气中的二氧化硫转化为无害的副产品,从而降低了硫氧化物的排放。通过这些技术的应用,厂区的废气排放达到了国家环保标准,极大改善了周边环境的质量。

该水泥厂还通过优化生产管理和运营模式,取得了节能减排的效果。厂区对生产流程进行了优化,通过精确控制燃料和原料的配比,减少了不必要的能量浪费。通过引进先进的能源管理系统,对能源消耗进行实时监测和分析。该系统能够实时收集和处理能源使用数据,及时发现能效问题,并提供改进建议。这种系统的应用不仅提升了管理效率,还帮助厂区及时调整生产策略,进一步降低能源消耗。

为确保节能技术的有效实施,水泥厂还对员工进行了培训,提高了他们节能减排的操作技能。培训内容包括节能设备的操作规程、能源管理系统的使用方法以及节能改造的最佳实践等。通过培训,员工能够更好地理解和应用节能技术,进而提高生产过程中的节能效果。

在实施节能技术升级后,某水泥厂取得了显著的成果。能源消耗大幅度降低。通过预热器和窑尾热回收系统的改造,厂区的燃料消耗减少了约15%。变频驱动技术的应用也使电力消耗减少了约10%。这些节能措施不仅降低了生产成本,还减轻了对环境的压力。废气排放显著减少,电除尘器和湿法脱硫装置的应用,使得粉尘和硫氧化物的排放量分别降低了40%和50%。这些成果表明,技术升级和管理优化能够有效地实现节能减排目标,推动可持续发展。

厂区的环保形象和社会责任感也得到了提升。通过积极实施节能减排措施,水泥厂不仅符合国家的环保法规,还赢得了社会的认可和支持。厂区的环境友好型生产模式为其他企业树立了榜样,推动了整个行业的节能减排进程。

二、国际节能减排案例分析

(一)德国某风力发电项目

德国作为全球绿色能源转型的先行者之一,在风力发电领域的成就尤为显著。德国的风力发电项目不仅在技术和规模上都具有领先优势,还在节能减排方面取得了显著的成效。通过对德国某风力发电项目的案例分析,可以深入了解其在节能减排方面的具体措施和取得的成果。

以德国北部的比尔克风电场项目为例,这个项目是德国风力发电领域的一项重要工程,展示了德国在可再生能源利用上的先进实践。比尔克风电场位于德国风力资源丰富的地区,其地理位置和风资源条件使其成为风力发电的理想场所。该项目的目标是通过高效利用风力资源,实现大规模的清洁电力生产,显著减少化石燃料的使用和温室气体的排放。

比尔克风电场在技术选型上采用了先进的风力发电技术,项目引进了最新一代的风力发电机组,这些机组具备更高的发电效率和更强的耐风能力。相比于旧款风机,新一代风机的设计更为优化,在较低风速下也能有效发电,从而提高了整体的电力产出。这种技术上的创新不仅提升了发电效率,还降低了风机的运维频率和成本。

项目团队在风电场的布局和设计上也进行了优化。比尔克风电场通过精确的风资源评估和模拟,科学合理地配置了风机。风机间距的优化设计能够最大限度地减少风机之间的相互干扰,提高整体风电场的发电效率。项目团队还采用了先进的风能预测技术,通过对气象数据的分析和预测来优化风机的运行调度,进一步提高了风电场的能源利用效率。

在节能减排方面,比尔克风电场项目取得了显著的成果。项目的投入使用使得德国的电力供应结构发生了积极变化。风电场的清洁电力大幅减少了对煤炭和天然气等化石燃料的依赖,从而显著降低了温室气体的排放。根据项目数据,风电场每年能够减少大约200万吨的二氧化碳排放，相当于减少了多个中等规模火电厂的排放量。这一成果不仅提升了德国的绿色能源比例，还对全球节能减排目标的实现做出了积极贡献。

比尔克风电场项目还注重生态环境的保护。在风电场的选址和建设过程中，项目团队充分考虑了对周边生态环境的影响，采取了一系列保护措施。在风电场建设前，项目团队进行了详细的生态评估，以确保风机的布置不会对当地鸟类栖息地和生态系统造成负面影响。在施工和运维过程中，项目团队采取了噪声控制和废弃物管理措施，以减少对环境的干扰和影响。

比尔克风电场项目的成功实施还为其他国家和地区的风力发电项目提供了宝贵的经验。项目团队在技术选型、风场布局、节能减排等方面的实践，都是全球风能行业的重要参考。通过对这一项目的分析，可以看到风力发电在提高能源利用率、减少环境污染方面的巨大潜力，同时也认识到先进的技术和管理手段对实现节能减排目标的重要作用。

（二）美国某石油公司节能技术应用

在全球对节能减排的关注日益增加的背景下，企业的节能技术应用成为实现节约资源和保护环境目标的重要手段。美国某石油公司作为国际能源领域的重要企业，积极推进了节能减排技术的应用，以提升能源效率，降低环境影响，并在行业内树立了良好的示范。

该石油公司在节能技术应用方面采取了多种措施，涵盖了从生产流程优化到能源管理系统的综合方案。其中，技术创新、管理改进和系统集成成为其节能减排策略的核心。

该公司在生产设施的节能改造方面取得了显著成果。传统的石油炼化过程会消耗大量的能源，并且产生大量的废气和废热。为了提高能源利用效率，该公司引入了先进的能源回收系统。通过改造炼油装置，安装高效的余热锅炉，将生产过程中产生的废热转化为蒸汽，再用于发电或供热。这种余热回收技术显著降低了对外部能源的需求，同时减少了温室气体的排放。

公司还实施了热电联产（CHP）技术，将发电和供热过程进行集成，进一步提高了能源的整体利用效率。在热电联产系统中，燃料通过燃烧产生电力，同时产生的废热用于供热，这种方式大大提高了能源的利用效率，相比传统的分开发电和供热方式，能源的利用率提升了约30%。这种技术的应用不仅降低了能源成本，还有效减少了二氧化碳的排放量。

在技术创新方面，该公司还积极投入研发新型节能设备和材料。在炼油过程中引入了先进的催化剂技术，这些催化剂能够在更低的温度下实现高效的化学反应，从而减少了能源的消耗。公司还研发了一种新型的高效绝热材料，用于提升炼油设备的热绝缘性能，减少热量的损失，进而提高整体的能源利用效率。

该公司在生产过程中应用了智能化的能源管理系统。通过安装先进的传感器和监控设备，公司可以实时监测生产过程中的能源使用情况。这些传感器能够采集生产设备的运行数据，包括温度、压力、流量等参数，并将这些数据传输到中央控制系统进行分析。通过数据分析，公司能够实时识别出能源使用中的异常情况，如设备的能效下降或能源浪费，从而及时进行调整和维护。

智能能源管理系统还配备了预测分析功能，通过历史数据和运行模型，系统可以预测未来的能源需求和生产负荷，从而优化能源供应和使用计划。这种预测分析功能帮助公司减少了能源的过度采购和浪费，实现了更精确的能源管理。

在节能减排的管理改进方面，该公司还建立了一套完善的节能管理体系。公司设立了专门的节能部门，负责制订和实施节能计划，监督和评估节能效果。通过引入 ISO 50001 能源管理体系标准，公司在能源管理方面实现了规范化和系统化。这一标准帮助公司建立了系统的能源管理流程，从能源政策的制定、目标的设定、实施计划的执行，到绩效的评估和改进，形成了闭环管理。

该公司还开展了员工节能培训活动，增强全体员工的节能意识。通过定期组织节能知识讲座和培训课程，员工不仅掌握了节能技术的基本原理，还了解了如何在日常工作中实施节能措施。员工的积极参与和节能意识的提升，对于实现节能目标具有重要的推动作用。

该公司还积极参与国际节能减排项目和合作，与其他企业和研究机构共享节能技术和经验。公司参与了多个国际能源节约项目，合作开发了新型的节能技术和材料。该公司还在国际会议和论坛上分享了其节能减排的成功案例和实践经验，为全球能源行业的节能减排工作提供了宝贵的参考。

第五章 全链条协同治理下的包装使用与消费

第一节 消费者对可持续包装的认知与需求

一、消费者对可持续包装的认知

（一）可持续包装定义

消费者对可持续包装的基本定义包括使用环保材料、减少资源消耗和降低对环境的影响等。可持续包装旨在通过减少对环境的负面影响来支持长期的生态平衡。

（二）消费者对可持续包装的态度

在当今社会，环保和可持续发展成了消费者关注的热点话题。随着环保意识的增强，消费者对可持续包装的态度也发生了显著变化。可持续包装不仅是一个趋势，而且成为现代商业和消费者生活中一个重要的组成部分。消费者对可持续包装的态度反映了他们对环境保护、资源节约以及企业社会责任的期望。

越来越多的消费者意识到传统包装材料对环境造成的负担。塑料包装因其难以降解和对生态系统的长期影响而备受诟病。大量的塑料垃圾不仅对海洋生物造成威胁，也对人类健康构成潜在风险。因此，消费者逐渐倾向于选择使用那些可降解、可回收或可再利用材料的产品包装。这种选择不仅是对环境负责的体现，也反映了消费者对健康和安全的关注。

消费者对企业采取可持续包装措施的态度也在不断变化。他们越来越倾向于支持那些在生产过程中采取环保措施的品牌和公司。许多消费者愿意为使用可再生材料、减少包装浪费或采取绿色生产方式的产品支付额外费用。这种消费行为表明，环保不仅是个人的责任，也是一种社会认同和价值观的体现。企业的环保举措不仅能够提升其品牌形象，还能赢得消费者的认可。

尽管大部分消费者对可持续包装持积极态度，但在实际购买决策中，价格和便利性仍然是影响消费者选择的重要因素。尽管许多人愿意支持环保，但如果可持续包装的产品价格过高或不如传统包装产品方便，消费者的购买决策可能会受到影响。因此，企业在推动可持续包装时，也需要考虑如何平衡环保与成本之间的关系，以满足消费者的实际需求。

二、消费者对可持续包装的需求

（一）功能性需求

在现代市场中，消费者对可持续包装的需求日益增加，这种需求不仅反映了他们对环境保护的关注，也表现出他们对产品功能性的高度重视。功能性需求是指包装在保护产品、方便使用以及满足消费者其他需求方面的表现。这些需求包括保护性、便利性、信息传递、易处理性和经济性等多个方面。随着消费者环保意识的日益增强，他们希望包装不仅要具备基本的保护功能，还要体现出对环境的友好性。

保护性是任何包装最基本的功能。可持续包装必须能够有效保护产品免受物理损害，如撞击、压迫和振动。它还需要防止外界因素对产品的影响，如湿气、光照和氧化。消费者对这一点的需求非常明确，他们希望包装能够在保证产品质量和安全的前提下，减轻对环境的负担。生物降解材料和可回收材料通常被选用来替代传统的塑料包装，以减少对自然资源的消耗和垃圾产量。

便利性也是消费者对可持续包装的一个重要需求。随着生活节奏的加快，消费者希望包装能够提供便捷的使用体验。易开封的设计、易于存储的形状以及简便的倒取方式都是消费者关注的要点。对于一些需要长时间储存的食品，消费者希望包装能提供良好的密封性，以保持产品的新鲜度和风味。而对于日常使用的产品，便于携带和处理的包装设计也是非常重要的。这些需求促使制造商在开发可持续包装时，更加注重如何在环境友好的条件下满足消费者的实际使用需求。

信息传递是可持续包装功能性的另一个重要方面。消费者希望包装能够清晰地传达产品的相关信息，包括成分、使用说明、保质期等。包装上往往需要标明其可持续性信息，如使用的环保材料、可回收性或生物降解性等。清晰的信息不仅能帮助消费者做出更明智的购买决策，还增强了他们对品牌的信任感。因此，在设计可持续包装时，制造商需要在环保和信息传递之间找到平衡,以确保消费者能够获得必要的信息,同时不增加过多的环境负担。

(二)美观性需求

在现代消费市场中,消费者对可持续包装的需求正不断增长。这种需求的增长不仅源于环保意识的增强,也与包装的美观性要求紧密相关。随着人们对环境问题的关注加深,越来越多的消费者希望他们所购买的产品不仅要符合环保标准,还能够在视觉上带来美好的体验。

消费者对美观性要求的提升与他们对生活品质的追求密切相关。现代社会,尤其是年轻一代消费者,越来越注重产品的整体设计和包装的视觉效果。他们认为,一个精美的包装不仅提升了产品的吸引力,还能反映出产品的价值和品牌的独特性。因此,包装的美观性不仅是一个附加价值,更是吸引消费者的重要因素。

在可持续包装的设计中,美观性往往与功能性和环保性相结合。许多品牌在使用可回收材料的同时,还注重包装的色彩搭配、形状设计和印刷工艺,以确保包装不仅环保,还具备视觉上的吸引力。通过不断创新的设计,品牌能够将环保理念与美学相结合,满足消费者对美观的高要求。

消费者对美观性和环保性的兼顾还体现在他们对包装材料的选择上。可持续包装不仅仅局限于传统的纸质或塑料材料,更包括创新的材料,如生物降解塑料、再生纸和植物基材料等。这些材料在视觉效果上具有多样性,可以实现不同风格的包装设计。一些品牌使用植物基墨水和天然纤维材料,创造出具有自然质感和独特纹理的包装,既环保又美观。

在市场营销中,包装的美观性也成为品牌传递环保理念的重要手段。通过精美的包装设计,品牌能够更有效地向消费者传达其对可持续发展的承诺。包装不仅是产品的保护层,更是品牌与消费者沟通的桥梁。一个具有美感的可持续包装能够引发消费者的兴趣,使他们更加愿意了解品牌的环保理念和实践,从而提升品牌的市场竞争力。

第二节　包装使用过程中的全链条协同治理

一、供应链环节的全链条协同治理策略

（一）供应商合作与规范

在现代供应链管理中，供应链环节的全链条协同治理策略显得尤为重要，尤其是在供应商合作与规范方面。供应链的全链条协同治理涉及从原材料采购、生产制造、物流配送到最终产品交付的每一个环节。实现这一策略的关键在于确保所有环节高效协作、信息透明和标准化操作。以下将详细阐述如何通过供应商合作与规范来推动供应链的全链条协同治理。

供应商合作的有效性直接影响供应链的整体表现。供应商不仅是生产和交付商品的角色，更是供应链中不可或缺的合作伙伴。为了实现高效的合作，企业需要建立明确的合作协议和沟通机制。这包括定期召开供应链会议，确保各方对需求、生产进度、交货时间等信息的共享和理解。通过建立有效的沟通渠道，可以及时解决出现的问题，减少误解和冲突，从而提高供应链的响应速度和灵活性。

供应商选择和评估是保证供应链高效运作的基础。企业应当建立科学的供应商评估体系，涵盖供应商的资质、生产能力、质量控制、交货能力等方面。选择合适的供应商不仅可以降低成本，还能提高产品的质量。供应商评估的结果应定期审查，以确保供应商持续符合企业的要求。在评估过程中，企业还应考虑供应商的可持续发展能力，包括其环境管理、社会责任等方面，以确保供应链的长期稳定性和可靠性。

为了更好地实施供应链全链条协同治理，企业需要制定并执行一套统一的操作规范。这些规范包括质量标准、生产流程、信息记录和数据共享等方面。通过标准化操作，可以减少由于操作不一致而引发的问题，提高生产效率。企业可以与供应商共同制定产品质量标准和检验流程，确保最终产品符合预期要求。供应链各个环节之间的信息共享也至关重要。企业应通过建立信息系统，实现订单、库存、生产进度等信息的实时更新与共享。这不仅可以提高供应链的透明度，还能帮助各方及时调整策略，以应对市场变化和需求波动。

供应链的风险管理也是全链条协同治理的重要组成部分。供应链中可能出现的风险包括供应中断、质量问题、运输延误等。企业应制订详细的风险管理计划，涵盖风险识别、评估、预防和应对措施。在风险发生时，及时采取有效的应对措施，减少对供应链的负面影响。企业可以与供应商建立备选供应商名单，以有效应对主要供应商出现问题时的突发情况。此外，企业应与供应商共同进行风险评估，识别潜在的风险点，并制定相应的预防措施。

供应链的全链条协同治理还需要重视技术的应用。信息技术的进步使得供应链管理更加智能化和高效化。企业可以利用大数据分析、人工智能和区块链技术来提升供应链的管理水平。大数据分析可以帮助企业预测市场需求，优化库存管理；人工智能可以提高生产过程的自动化水平；区块链技术可以确保供应链中信息的真实性和不可篡改性。这些技术的应用不仅能够提升供应链的运营效率，还能提高供应链的透明度和可靠性。

（二）绿色采购与材料选择

在全球化经济和环境保护意识日益增强的背景下，供应链的全链条协同治理策略越来越受到重视。特别是在绿色采购与材料选择方面，这种策略不仅有助于提升企业的环境绩效，还能提升供应链的整体竞争力。通过有效的全链条协同治理，企业可以更好地实现可持续发展目标，减少对环境的负面影响，提升资源使用效率。

绿色采购是实现全链条协同治理的关键环节之一。绿色采购不仅关注产品本身的环境影响，还涵盖了从原材料采购到产品生命周期结束的各个阶段。在采购过程中，企业应优先选择那些采用环保材料、生产工艺符合环保标准、在生产过程中减少废物排放的供应商。这不仅可以减轻采购环节对环境的负担，还能在供应链的上游阶段就开始实现资源的节约和环境保护。

为了实现绿色采购，企业需要建立一套系统的供应商管理机制。企业应对供应商进行严格的环境绩效评估，确保其符合绿色采购的标准。这可以通过环境认证、第三方评估报告等方式来实现。企业还应与供应商建立长期的合作关系，共同推进绿色采购目标的实现。通过定期沟通、信息共享和合作创新，企业与供应商可以共同探索和实施更为环保的生产和供应方式。

材料选择是绿色采购的重要组成部分，合理选择材料不仅可以降低生产成本，还能显著降低对环境的影响。在材料选择过程中，企业应考虑以下几个方面：首先，优先选择可再生、可降解或具有较低环境影响的材料。使用生物降解材料代替传统的塑料，可以有效减轻塑料垃圾对环境的负担。企业应关注材料的生命周期评估,包括原材料的获取、生产过程中的能耗和废物排放、最终的处理和回收等环节。通过全生命周期的评估,企业可以选择那些综合环境影响最小的材料。

其次,在材料选择方面的企业还应关注材料的供应链管理。确保材料的来源符合环境保护标准,避免使用那些来自非法采伐或对生态系统造成破坏的资源。这要求企业不仅要与材料供应商建立环保合作关系,还要加强对供应链上下游的监督,确保整个供应链环节都能够遵循环保原则。

最后,全链条协同治理策略还要求企业在绿色采购与材料选择的过程中,推动供应链的整体优化。通过与供应链各个环节的密切协作,企业可以实现资源的有效利用和环境影响的最小化。在生产环节,企业可以与供应商共同开发环保技术,减少生产过程中的废物和污染。在运输环节,企业可以优化物流路线,减少运输过程中的碳排放。通过这种全链条的协同治理,企业不仅能够提高自身的环境绩效,还能够推动整个供应链的绿色转型。

二、生产环节的全链条协同治理策略

(一)质量控制与监管

在现代工业生产中,实现全链条的协同治理对于保证产品质量和确保监管合规性至关重要。生产环节的全链条协同治理策略涵盖了从原材料采购、生产加工到最终产品检验和交付的每一个环节,目的是通过系统化的管理和控制措施,确保产品在整个生命周期内的质量稳定,并符合相关的法律法规要求。

原材料采购阶段的质量控制是全链条治理的起点。原材料的质量会直接影响最终产品的性能和安全性。因此,供应商管理和原材料检验工作是至关重要的。企业应建立严格的供应商评估和审核机制,对供应商的资质、生产能力和质量管理体系进行全面评估。供应商应提供详细的质量保证文件,包括原材料的来源、成分分析报告和检测合格证书等。在采购过程中,企业应进行原材料的入厂检验,包括物理性质、化学成分和其他关键指标的测试,确保其符合规定的标准和规格。这样可以在源头上杜绝不合格原材料进入生产链条,从而有效降低质量风险。

在生产加工阶段的质量控制同样不可忽视。生产过程的每一个环节都需要进行严格的控制和监测,以确保产品的质量一致性。生产过程中应实施严格的工艺管理和操作规程,包括生产设备的校准和维护、操作人员的培训和操作规范的遵守。企业可以通过引入先进的生产管理系统,如生产执行系统(MES),实时监控生产线上的各项指标,并及时调整和优化生产工艺。生产过程中应进行阶段性的质量检查,包括中间产品的质量检测和过程控制,及时发现并纠正生产中潜在的问题。质量控制的重点在于减少生产过程中的变异,确保产品符合预定的质量标准。

在生产环节结束后,最终产品的检验和监管是质量控制的最后一道关卡。企业应建立完善的产品检验流程,包括出厂检验和最终产品测试。检验项目应涵盖产品的功能性能、外观质量、耐用性以及安全性等方面。通过对产品进行全面的检测和评估,可以确保其符合国家标准和行业规范。企业还应保持产品检验记录的完整性和可追溯性,以便在发生质量问题时能够迅速追溯和解决。同时,监管部门的监督和检查也在这一环节发挥着重要作用。企业应配合监管部门的检查工作,提供必要的技术资料和检验报告,并根据监管要求进行整改和改进。

为了实现全链条的协同治理,企业还应注重跨部门和跨环节的协作。质量管理不仅是生产部门的职责,还涉及采购、研发、销售和售后等多个部门的协作。企业应建立有效的沟通机制和信息共享平台,确保各个部门之间的信息流畅和数据共享。通过加强各个环节之间的协作,可以更好地识别和解决质量管理中存在的问题,实现从原材料采购到产品交付的全链条质量控制。

企业还需注重持续改进和创新。质量控制和监管不是一项一劳永逸的工作,而是需要根据市场需求和技术进步不断进行改进。企业应定期进行质量审查和评估,分析质量数据,识别潜在的改进机会。企业可以引入新技术、新材料和新工艺,以提升生产效率和产品质量。持续的改进和创新可以帮助企业适应市场变化,提高产品的竞争力。

(二)绿色生产认证

生产环节的全链条协同治理策略在绿色生产认证中的作用不可忽视。这种策略不仅涉及生产环节的环保技术和管理措施,还强调从原材料采购、生产制造到废弃物处理的全流程协同,以实现可持续发展目标。以下是对这种策略的详细探讨。

全链条协同治理策略要求在生产的每个环节都实施绿色管理。绿色生产认证不仅关注产品的最终质量和环保性能,更要求在整个生产链条中贯彻绿色理念。这意味着从原材料的选择开始,必须确保其符合环保标准。选择可再生资源和低环境影响的原料,可以大幅减轻生产过程中的环境负担。同时,还需要对供应链进行绿色评估,确保所有供应商都能遵守环保规范，保障整个链条的环保性。

生产环节的绿色管理还涉及生产过程的优化和技术革新。企业需要采用先进的环保技术来减少生产过程中的资源消耗和污染物排放。实施节能减排技术，优化生产流程，以减少能源的使用和废气、废水的排放。绿色生产认证鼓励企业采用清洁生产技术，如废料回收和再利用技术，减少生产废弃物，实现资源的循环利用。这不仅有助于提升生产效率，还能显著降低对环境的影响。

在产品设计阶段，全链条协同治理策略也同样重要。绿色生产认证要求产品设计应考虑生命周期评估，确保从生产、使用到废弃处理的每个环节都符合环保标准。设计易于拆解和回收的产品结构，可以有效降低产品使用后的处理难度，减少资源浪费。设计师和工程师需要密切合作，确保产品在设计阶段就融入环保理念，从而减轻后期生产和废弃处理中的环境负担。

企业内部的绿色管理和员工培训也是全链条协同治理策略的重要组成部分。企业需要建立完善的绿色管理体系，包括制定环保政策、设置绿色生产标准和实施环境监控。员工的环保意识和操作技能直接影响生产过程中的环保效果。因此，企业应定期开展绿色生产培训，提高员工对环保技术和操作规范的认识，确保每个环节都能够严格按照绿色生产要求执行。

全链条协同治理策略还要求企业与外部利益相关者进行合作。绿色生产认证不仅是企业内部管理的结果，还涉及与政府、环保组织、行业协会等外部机构的合作。企业可以与政府合作，参与环保政策的制定和实施；与环保组织合作，进行环境影响评估和改进措施的落实；与行业协会合作，分享绿色生产的经验和最佳实践，共同推动行业的可持续发展。

第三节　增强消费者环保意识与教育

一、影响消费者环保意识的因素

（一）媒体和信息传播

在现代社会，媒体和信息传播对消费者环保意识的形成与增强起着至关重要的作用。随着环境问题日益严重，消费者的环保意识逐渐成为企业市场竞争中的关键因素。

媒体和信息传播在增强环保意识方面的作用可以从多个角度进行分析,包括信息的传播渠道、内容的影响、舆论的形成以及社会化媒体的作用等。

信息传播的渠道对消费者环保意识的影响极为显著。传统媒体如电视、广播和报纸,一直以来都是信息传播的重要途径。这些媒体通过新闻报道、专题节目、纪录片等形式,向大众传递环境保护的重要性。电视上的环保纪录片可以生动地展示环境污染的现状和其对生态系统的影响,从而引发观众对环保的关注和思考。广播和报纸上的环保专栏和公益广告也起到了引导公众环保行为的作用。

随着数字媒体的兴起,互联网已经成为信息传播的重要平台。通过社交媒体、博客、新闻、网站等渠道,环保信息可以迅速传播并覆盖到更广泛的受众群体。社交媒体平台如微博、微信,不仅提供了信息传播的渠道,还为用户提供了参与和互动的机会。用户可以通过转发、评论、点赞等方式表达对环保话题的看法,分享个人的环保行为,从而形成更广泛的环保意识。这种互动性使得环保信息的传播更加生动和有力。

信息内容的影响也是决定消费者环保意识的重要因素。信息的准确性、权威性以及表现形式直接影响受众的接受度和理解程度。科学研究和数据支持的环保信息通常会更具说服力,而单纯的情感诉求可能效果有限。媒体和信息传播机构应注重提供真实、可靠的环保信息,避免夸大或误导性内容,以确保受众能够获得准确的环保知识。信息内容的多样性和趣味性也很重要。通过生动的图文、视频以及互动内容,可以吸引更多人的关注,提高环保信息的传播效果。

舆论的形成和引导是媒体和信息传播的另一个重要的影响因素。媒体通过报道环境问题、揭露环境污染事件、介绍环保活动等方式,引导社会舆论,塑造公众对环保的态度和行为。环境污染事件的曝光往往能够引发公众的广泛关注,并促使相关部门和企业采取整改措施。媒体还通过报道环保明星、企业责任等,塑造环保的社会形象和价值观。这些舆论的引导不仅增强了公众的环保意识,还促进了环保政策和行动的实施。

(二)教育与培训

影响消费者环保意识的因素复杂多样,其中教育与培训起到了至关重要的作用。环保意识的培养不仅依赖于个体的自我觉醒,也需要系统的教育和培训来提升公众对环境问题的认识和行动能力。通过不同形式的教育与培训,可以有效地增强消费者的环保意识,促使他们在日常生活中采取更加环保的措施。

基础教育阶段的环保教育是塑造消费者环保意识的基础。在学校教育中,环保课程和活动能够帮助学生从小树立环保意识。学校通过课堂教学、实验活动和环保项目等方式，向学生传授环保知识。通过讲解生态系统的基本概念、污染的危害以及资源的可持续利用等内容，学生能够了解环境保护的重要性。此阶段的教育不仅关注理论知识的传授，还通过实际操作和参与，让学生对环保问题有更加直观的认识。

在基础教育之外，家长和社会的教育也发挥了重要作用。家庭是孩子早期教育的重要场所，家长的环保行为和理念直接影响孩子的成长。家长通过日常生活中的环保实践，如垃圾分类、节约资源和使用环保产品等，可以为孩子树立榜样。社区和社会组织的环保宣传活动也为家庭提供了支持。社区可以举办环保讲座、绿色活动和环保展览，进一步增强居民的环保意识。

高等教育阶段的环保课程和研究也对消费者环保意识的增强有着深远影响。在大学和研究机构中，环境科学、生态学和可持续发展等课程为学生提供了深入的环保知识。研究生和科研人员的环保研究可以推动科学技术在环境保护领域的应用，从而影响公众的环保观念和行为。通过系统的学术研究和实际案例分析，学生能够更好地理解环境问题的复杂性以及解决方案的可行性。

除了传统的教育模式之外，数字技术和网络平台的应用也在增强环保意识方面发挥了重要作用。在线教育平台、社交媒体和环保 App 等工具，能够迅速传播环保知识和理念。通过互动性强、易于分享的数字内容，公众能够方便地获取环保信息。环保组织和政府部门通过社交媒体平台发布环保知识和行动指南，能够及时引发公众关注，并鼓励他们参与环保行动。在线课程和培训资源也为广大人群提供了灵活的学习方式，使得越来越多的人能够参与到环保知识的学习中来。

职业培训和企业内训也是提升消费者环保意识的重要途径。随着企业对可持续发展重视程度的增加，许多公司开始将环保培训纳入员工培训计划中。这种培训不仅能帮助员工了解环保政策和措施，还提高了他们在工作中实施环保实践的能力。企业可以开展环保意识培训、绿色生产技术培训和环保管理系统培训等，以确保员工能够在工作中践行环保理念。此外，企业通过绿色供应链管理和环境绩效评估，进一步推动了环保意识的普及和落实。

二、增强消费者环保意识与教育策略

（一）加强环保教育与培训

1.学校教育

在当前全球面临的环境危机中，增强消费者的环保意识至关重要。学校教育作为社会的基础教育体系，对于塑造未来社会的环境责任感与可持续发展意识具有不可替代的作用。通过系统性的教育策略，学校可以在学生心中播下环保的种子，为他们未来的消费行为奠定坚实的基础。

学校教育应将环保意识融入课程中，从小培养学生的环保意识。在科学课中，教师可以讲授生态系统的基本概念，介绍人类活动对环境的影响以及生态平衡的重要性。通过具体的案例分析，比如气候变化、资源枯竭等问题，学生可以更直观地理解环境保护的必要性。在地理课程中，老师可以讲解地球的自然资源分布情况、环境污染的来源及其对生活的影响。这种知识传授不仅加深了学生对环保问题的了解，还可以帮助他们在面对具体问题时做出明智的决策。

学校应通过各种活动和实践，鼓励学生参与到环保行动中来。组织校园内的环保活动，如垃圾分类比赛、回收资源利用项目、植树活动等，让学生在实践中体验环保的重要性。通过这些活动，学生不仅能够了解垃圾分类的操作流程，还能体会到资源循环利用的实际效果。这种实践经验不仅能加深他们对环保知识的理解，还能激发他们的环保热情，促使他们在日常生活中自觉地采取环保行动。

学校还应与家庭和社区紧密合作，开展广泛的环保教育。家庭是孩子最初的学习环境，学校可以通过家长会、家庭作业等形式，将环保知识传播到家庭中，让家长参与到环保教育中来。比如，可以鼓励家长与孩子一起进行环保活动，如减少家庭用电、节约用水等，从而在家庭中养成环保的良好习惯。学校还可以与社区合作，举办环保讲座、工作坊等，邀请环保专家、志愿者进校园，为学生提供更多的环保知识和实用的建议。这种社区合作的方式可以扩大环保教育的覆盖面，让学生在学校之外也能接受到环保教育的熏陶。

除了以上措施，学校还应注重培养学生的环保素养。这包括对环保知识的掌握、对环保行为的践行、对环保价值观的认同等。教师应注重在教学过程中引导学生思考，培养他们的批判性思维和创新能力，使他们能够自主分析和解决环保问题。学校可以设立环保俱乐部或兴趣小组，鼓励学生自主组织和参与环保活动，充分发挥他们的积极性和创造力。通过这些活动，学生不仅能够提升自己的环保素养，还能够培养团队合作精神和领导能力。

2. 社会培训

在当今社会，环境保护已成为全球关注的热点问题。随着工业化进程的加快和生活水平的提高，人们的环保意识逐渐增强。环境问题依然严峻，环保意识的提高和教育显得尤为重要。为了应对这一挑战，社会培训作为一种有效的手段，可以发挥重要作用。通过深入分析现状、确定目标、设计培训内容和实施策略，可以增强消费者的环保意识，推动社会的可持续发展。

了解环保意识的现状是制定有效培训策略的前提。尽管大多数人对环保有一定的认识，但很多人缺乏具体的行动指南。一些人知道减少塑料使用有助于保护海洋，却不清楚如何在日常生活中实践这一点。因此，了解现有的知识缺口和误区，可以设计出更有针对性的培训内容。

明确培训目标是确保培训成功的关键。培训的主要目标应该是增强消费者的环保意识，并促使其在日常生活中采取实际行动。这包括让消费者了解环保的重要性，掌握环保的基本知识和技能，以及激发其参与环保行动的积极性。具体来说，可以设定以下目标，让消费者能够识别环保产品，理解减少废物和节能的重要性，以及掌握正确的垃圾分类方法等具体技能。

在确定目标之后，设计培训内容是实现目标的核心环节。培训内容应包括环保的基本概念、环境问题的现状，以及实际的环保行动指南。培训应介绍环境保护的基本概念，如生态平衡、可持续发展等。讲解环境问题的成因和影响，使消费者认识到环境保护的重要性。培训内容应包括具体的环保行动建议，如减少一次性产品的使用、选择节能家电、参与社区清洁活动等。可以通过实例和数据来说明这些行动对环境的实际影响，从而增强消费者的认同感和行动意愿。

为了提高培训的效果，可以采取多种教学方法和手段。例如，组织讲座、研讨会和实地考察，让参与者在真实的环境中感受环保的重要性。利用多媒体工具，如视频、图表和互动游戏，也可以增加培训的趣味性和参与感。通过实际案例分析，让消费者了解他人如何成功实施环保行动，从而激发其参与热情。

培训的实施策略也是确保培训效果的关键。需要选择合适的培训组织和讲师。他们应该具备丰富的环保知识和实践经验,并能够用通俗易懂的方式进行讲解。应充分利用各种社会资源,如社区组织、学校、企业等,共同推动环保培训的开展。社区可以组织环保知识讲座和实践活动,学校可以将环保教育纳入课程,企业可以通过内部培训增强员工的环保意识。

培训后需要进行效果评估,以了解培训的实际效果和存在的问题。可以通过问卷调查、访谈等方式收集参与者的反馈意见,了解他们在培训后的环保行为变化和实际应用情况。根据评估结果,及时调整和改进培训内容和方法,以提高培训的实际效果。

(二)提高环保信息的传播效率

在当前全球环境危机日益严重的背景下,增强消费者的环保意识和教育策略显得尤为重要。环保意识的增强不仅能够促进个人行为的改变,还能够推动社会整体的环保行动,从而有效应对环境问题。为了提高环保信息的传播效率,我们需要采取多种策略,综合运用各种手段和渠道,使环保意识深入人心,并最终转化为实际行动。

增强环保意识需要从教育工作着手。教育是改变观念和行为的基础,对于年青一代的教育尤为关键。学校作为最基础的教育机构,应当将环保教育纳入课程体系,从小培养学生的环保意识。可以在课堂上引入关于环保的专题讲座、讨论以及实践活动,让学生了解环境保护的重要性。同时,学校还可以组织环保实践活动,如校园绿化、垃圾分类等,让学生在实际行动中体验环保的意义。此外,学校还可以与社会组织、企业合作,开展环保项目,让学生参与到实际的环保行动中,增强参与感和责任感。

社区教育也是增强环保意识的重要途径。社区是人们日常生活的主要场所,通过社区活动可以将环保理念传播到每一个家庭。社区可以定期举办环保讲座,开展培训班,邀请专家进行环保知识的讲解。此外,可以组织社区成员参加环保活动,如义务清理环境、植树造林等,以增强居民的环保意识。社区还可以建立环保宣传栏,展示环保知识和最新的环保信息,提醒居民关注环保问题。通过这些活动,能够有效地将环保理念融入居民的日常生活中,增强他们的环保意识和行动能力。

媒体和互联网是现代社会信息传播的重要渠道,利用这些渠道可以大大提高环保信息的传播效率。通过电视、广播、报纸等传统媒体,可以向大众传递环保的相关知识和信息。新兴的数字媒体,如社交网络、博客、在线论坛等,也可以成为传播环保信息的重要平台。通过这些平台,环保组织和个人可以发布与环保相关的文章、视频、图文信息等,分享环保经验和行动成果,引发广泛的关注和讨论。社交媒体的互动性强,可以通过线上活动、挑战赛等形式，鼓励公众积极参与到环保行动中来，进而提升环保意识。

企业作为社会的重要组成部分，也应当承担起环保教育的责任。企业可以通过社会责任项目、公益活动等方式向公众传递环保理念。企业可以开展环保产品的宣传活动，介绍环保产品的优势和使用方法，鼓励消费者选择绿色产品。此外，企业还可以通过与环保组织合作，开展环保培训和讲座，增强员工和消费者的环保意识。在企业的运营过程中，注重环保实践，如减少废弃物、节能减排等，为消费者树立环保榜样，从而促进环保意识的增强。

政府在增强人们的环保意识方面也扮演着重要角色。政府可以通过制定和实施环保政策、法规，推动环保意识的普及和提高。政府可以出台有关垃圾分类、节能减排等方面的政策，鼓励公众积极参与。此外，政府还可以通过组织环保宣传活动、设立环保奖项等方式，激励公众和企业关注环保问题。政府的引导和支持对于环保意识的提升至关重要，可以为环保行动提供有力的政策保障和资源支持。

增强环保意识需要全社会的共同努力。环保问题涉及每个人的生活，因此需要各方面的积极参与和合作。通过学校、社区、媒体、企业和政府的共同努力，可以营造全社会关注环保、行动环保的良好氛围。只有在全社会的共同努力下，才能够真正提高环保素养，推动环保行动，保护我们的地球环境。

第四节　消费者参与的可持续包装设计

一、可持续包装设计中消费者参与的必要性

（一）消费者需求驱动

在当今社会，可持续包装设计越来越受到重视，这不仅因为环境保护的需求日益增加，还因为消费者对品牌的期望发生了变化。在这个背景下，消费者的参与成了推动可持续包装设计发展的重要因素。消费者需求驱动下的包装设计不仅关乎环境保护，还涉及品牌形象、市场竞争力以及消费者的购买决策。

消费者对环保的关注提升了包装设计的可持续性。现代消费者越来越意识到环境问题，如塑料污染、资源枯竭等，他们对品牌的期望不仅是提供高质量的产品，还希望品牌在生产过程中能尽可能减少对环境的负面影响。消费者对包装的环保要求主要体现在

三个方面：材料选择、设计创新以及回收利用。在材料选择方面，消费者偏好可降解、可回收或可重复使用的包装材料，这促使企业在设计时必须考虑这些因素。在设计创新方面，消费者青睐那些具有独特设计但又不增加环境负担的包装，如简化设计以减少使用材料。在回收利用方面，企业需要提供明确的回收指引和方便的回收方式，以满足消费者的期望。

品牌的环保行为能够提升消费者对品牌的认同感和忠诚度。研究表明，许多消费者愿意为那些有明确环保承诺的品牌支付溢价，这种现象使得品牌在市场上更具竞争力。消费者对包装设计的参与还可以帮助品牌在市场上脱颖而出，因为独特的环保包装设计往往能够吸引消费者的注意力，从而提升品牌的知名度和影响力。

消费者的参与还表现在他们对包装设计过程的直接反馈上。品牌在设计可持续包装时，可以通过消费者调研、反馈和参与式设计来优化设计方案。通过调研，品牌能够了解消费者对不同包装材料、设计风格以及功能的偏好，从而做出符合市场需求的设计决策。反馈机制则帮助品牌及时调整设计，确保最终产品能够符合消费者的期望。参与式设计方法鼓励消费者直接参与到设计过程中，如通过线上平台提供设计建议或参与设计竞赛。这种方式不仅能增强消费者对品牌的参与感，也能提高他们对品牌的支持和忠诚度。

（二）品牌忠诚度增加

在可持续包装设计的背景下，消费者参与的必要性变得尤为突出。这不仅因为可持续包装设计有助于减轻环境负担，更因为消费者的参与能够显著提高品牌忠诚度，从而推动企业的长远发展。

消费者的参与在可持续包装设计中至关重要，因为它能够确保包装设计符合消费者的期望和需求。现代消费者越来越关注环保问题，他们希望自己购买的产品能够体现出对环境的责任感。因此，企业在设计可持续包装时，需要了解消费者的偏好和期待。通过调查、焦点小组讨论等方式获取消费者的反馈，企业能够设计出更符合市场需求的包装。这种包装不仅在材料选择上符合环保标准，还在设计上符合消费者的审美和功能需求，从而提高了产品的吸引力和市场竞争力。

消费者参与可持续包装设计可以增强他们对品牌的认同感和忠诚度。消费者参与到包装设计过程中，会感到自己在品牌价值观的塑造中发挥了作用，这种参与感使他们对品牌产生了更多的情感联系。品牌通过邀请消费者进行设计意见征集或投票等活动，不仅体现了对消费者意见的重视,还建立了更加紧密的互动关系。这样的互动不仅能提升消费者的品牌忠诚度,还能促进口碑传播,带动更多的消费者关注和支持品牌。

消费者的参与能够推动品牌在可持续发展领域的创新。消费者对环保的关注点和需求不断变化,企业通过与消费者的互动,可以及时了解这些变化,从而在包装设计中融入最新的环保理念和技术。一些品牌通过与消费者合作开发可降解材料或设计模块化包装方案,这不仅提升了包装的可持续性,也使消费者对品牌的创新能力有了更高的认同。品牌的创新不仅能满足消费者对环保的期待,还能树立品牌在行业中的领导地位。

消费者参与还能够有效增加品牌透明度和信任度。现代消费者越来越倾向于支持那些具有透明经营和环保承诺的品牌。当企业在包装设计过程中积极征求消费者意见,并在产品包装上公开环保措施和材料来源时,消费者对品牌的信任度会显著提高。

除了以上因素,消费者参与还能够为企业提供宝贵的市场洞察。通过分析消费者对包装设计的反馈,企业能够获得关于市场趋势、消费者需求和竞争对手的宝贵信息。这些信息不仅有助于优化当前的包装设计,还能为未来的产品开发提供指导。消费者对某种环保材料的高度认可促使企业进一步探索这种材料的应用,从而提升品牌的市场竞争力。

二、可持续包装设计中消费者参与的方式

(一)市场调查与问卷

在可持续包装设计中,消费者的参与是推动市场转型和环境保护的关键因素。随着消费者对环保和可持续发展的关注日益增加,他们对包装设计的期望也不断提高。为了有效地整合消费者的需求和意见,市场调查和问卷调查成了重要的工具。这些工具不仅能帮助企业了解消费者的态度和偏好,还能指导企业在包装设计中做出明智的决策。以下是消费者参与可持续包装设计的几种方式,以及市场调查和问卷调查在其中的应用。

市场调查是了解消费者对可持续包装设计态度的重要途径。通过市场调查,企业能够获取大量有关消费者环保意识、对包装材料的偏好、对回收利用的期望等信息。这类调查通常包括定量和定性研究。定量研究通过大规模的问卷调查收集统计数据,帮助企业了解消费者对不同包装材料和设计的接受程度。调查可以询问消费者对使用可回收材料、减少包装体积、采用环保印刷技术等方面的看法。定性研究则通过深度访谈、小组讨论等形式,深入了解消费者的具体需求和动机。通过访谈可以揭示消费者在选择产品

时环保因素的重要性以及对具体包装设计的感受。

问卷调查是市场调查的一种具体实施方式，通过设计科学合理的问卷，企业能够系统地收集消费者意见。问卷调查的设计需要关注以下几个方面。问卷的结构和内容要简明易懂，避免使用过于复杂的术语和问题，确保受访者能够准确回答。问卷的内容可以包括对现有包装的满意度、对新型可持续包装的接受程度、对环保材料的认知等。问卷问题可以设置为封闭式问题和开放式问题。封闭式问题可以提供具体的选择项，例如"您对使用可回收材料的包装的接受程度如何？"而开放式问题则允许消费者自由表达意见，例如"您认为如何改进包装设计能更好地体现环保理念？"这种方式能够获取更为丰富和具体的反馈信息。

在问卷调查中，样本的代表性也非常重要。为了确保调查结果的准确性和可靠性，企业需要选择具有代表性的样本群体，包括不同年龄段、性别、收入水平和地区的消费者。这可以通过随机抽样、分层抽样等方法来实现。为了提高回收率和数据质量，企业可以考虑提供适当的激励措施，如抽奖、优惠券等，以鼓励更多的消费者参与调查。

（二）消费者体验反馈

在包装设计过程中，消费者参与的方式还可以包括原型测试和试用。在设计初稿完成后，可以制作出样品或原型，邀请目标消费者进行试用。这种方式可以让消费者实际体验包装的使用感受，包括易用性、便捷性和整体设计感。消费者的实际体验能够提供宝贵的反馈信息，如包装是否容易打开、是否便于储存等。这些反馈可以帮助设计师进一步优化设计，解决潜在的问题，提高包装的整体质量。

消费者的体验反馈不仅限于包装的功能性，还涉及包装的环保性。通过引入环保意识的测试，可以了解消费者对不同环保材料和设计的态度。对比消费者对生物降解材料和回收材料的接受程度，了解他们对环保包装的实际需求和购买意愿。这种反馈可以帮助企业选择最合适的环保材料，并优化包装设计，以满足消费者的环保需求。

消费者的参与还可以通过互动平台和社交媒体进行。企业可以利用社交媒体平台，如微博、微信等，发布包装设计的相关信息，鼓励消费者分享他们的意见和建议。企业可以通过社交媒体发起设计竞赛，邀请消费者提交他们的包装设计创意，或者通过线上投票选择最受欢迎的设计方案。这样的互动不仅能够增加消费者对品牌的参与感，还能收集到广泛的反馈信息，帮助企业了解消费者的真实需求和期望。

在包装设计的实施阶段，消费者的反馈也非常重要。企业可以通过购买后的调查和评价系统，收集消费者对包装的意见和建议。这些反馈信息可以包括包装的耐用性、环保效果、使用便利性等方面。通过分析这些反馈，企业可以了解包装设计在实际使用过程中的表现，及时发现并解决问题，提高包装的综合性能。企业还可以通过设置顾客服务渠道，直接回应消费者的反馈，从而提升消费者对品牌的信任度和满意度。

消费者的参与还可以在包装的生命周期管理中发挥作用。在包装回收和再利用方面，企业可以鼓励消费者积极参与回收计划，并提供便捷的回收渠道。通过对消费者回收行为的分析，企业可以评估包装的实际环保效果，并根据反馈调整回收策略。企业还可以通过激励措施，如回收奖励、积分制度等，进一步鼓励消费者积极参与包装回收，提高回收率和再利用效果。

第六章 全链条协同治理下的包装使用阶段管理

第一节 包装使用阶段的环境影响分析

一、包装使用阶段的主要环境影响

(一)废弃物产生

在现代社会,包装已成为日常生活中不可或缺的一部分。它不仅对保护产品、提高运输效率和改善产品展示起着重要作用,还在很多方面影响着环境。在包装使用阶段,废弃物产生是一个主要的环境问题,这些废弃物会对生态系统、资源消耗以及人类健康造成一系列的负面影响。

包装废弃物的产生直接与包装材料的使用密切相关。包装材料种类繁多,包括纸类、塑料、玻璃和金属等。这些材料在生产、使用和处置过程中都会产生一定量的废弃物。尤其是塑料包装,由于其耐用性和低成本,使用广泛,但也因为难以降解而对环境造成严重影响。塑料包装废弃物不仅占据了大量的垃圾填埋场空间,还会在自然环境中存在数百年。塑料在分解过程中会释放有害物质,对土壤和水体造成污染,进而影响动植物的生存。

包装废弃物的产生还涉及资源的消耗。许多包装材料,如纸张和纸板,虽然在一定程度上可回收,但其生产过程本身就消耗大量的原材料和能源。生产纸质包装需要砍伐树木,消耗大量的水资源和能源,产生的废弃物还需要处理。这种资源消耗不仅影响了生态平衡,还加剧了资源短缺。

包装废弃物的管理和处理也带来了挑战。虽然很多国家和地区已经实施了回收和再利用政策,但在实际操作中仍然存在许多问题。回收系统的覆盖面和效率可能不够,导致大量可回收材料最终被送往垃圾填埋场。此外,混合材料的包装难以进行有效的分类和回收，这进一步增加了处理难度。

更重要的是，包装废弃物的产生还对人类健康构成了潜在威胁。塑料包装中的化学物质，如增塑剂和染料，在降解过程中可能会释放到环境中，进入食物链，影响人类健康。微塑料已经被发现存在于饮用水、食物中，对人体健康的长期影响仍在研究中，但初步证据显示，这些微塑料可能对内分泌系统和免疫系统产生负面影响。

在应对包装废弃物问题时，许多国家和地区采取了不同的措施。例如推行绿色包装、减少包装材料的使用、增加可回收和可生物降解材料的使用，以及增强公众的环保意识等。绿色包装设计旨在通过简化包装结构和使用环保材料来减少包装废弃物。减少包装材料的使用则可以从源头上降低废弃物的生成，例如减少不必要的填充物和过度包装。增加可回收和可生物降解材料的使用可以提高包装废弃物的回收率和减轻环境负担。政府和企业还积极开展宣传教育，倡导消费者采取更加环保的生活方式，如分类投放垃圾、参与回收活动等。

尽管采取了诸多措施，但包装废弃物问题仍然面临着许多挑战。为了更有效地解决这一问题，各国需要在政策制定、技术创新和公众教育等方面加强合作。政府应制定更加严格的环保法规，鼓励企业投资研发绿色技术，并提供更多的支持和奖励。企业则需要在生产和设计过程中更加注重环保，优化供应链管理，以减少资源消耗和废弃物的产生。公众也应增强环保意识，积极参与回收和减废行动，共同推动可持续发展。

（二）污染物排放

在包装使用阶段，环境影响主要体现在资源消耗、污染物排放和固体废物产生等方面。包装的使用不仅涉及材料的选择和加工，还包括使用过程中的废弃物管理。以下将详细探讨这些环境影响及其对生态系统和人类健康的潜在威胁。

包装在使用阶段的资源消耗是一个显著的环境影响因素。包装材料的生产通常需要大量的原材料，例如木材、石油或天然气。这些原材料的开采和加工过程会消耗大量的能源，并产生相应的温室气体排放。以纸质包装为例，其生产过程中需要砍伐树木，导致森林资源减少和生物多样性的丧失。而塑料包装则主要依赖石油资源，石油的开采和加工不仅消耗能源，还会对环境造成污染。

在包装使用阶段，污染物的排放问题同样不容忽视。包装材料在使用过程中可能会释放各种有害物质。塑料包装在接触到高温或化学物质时，可能会释放出有毒的化学物质，如邻苯二甲酸盐、聚氯乙烯等。这些化学物质不仅对环境造成污染，还可能对人体健康产生负面影响。PVC在燃烧过程中会释放氯气和二噁英,这些物质具有很强的毒性,会对空气、水体和土壤造成严重污染。

另一个主要的污染物排放来源是包装材料的废弃。包装在使用后通常会被丢弃,这些废弃物的处理对环境造成了很大的压力。在许多情况下,这些包装废弃物没有得到有效的回收和处理,最终成为固体废物。塑料包装特别难以降解,通常需要数百年才能在自然环境中完全降解。在此过程中,塑料包装可能会分解成微塑料,这些微塑料会进入土壤和水体,对生态系统造成持久的危害。微塑料不仅影响水生生物的健康,还可能通过食物链进入人体,对人类健康构成威胁。

纸质包装虽然相对可降解,但也面临着处理和回收的挑战。纸质包装的回收过程需要消耗大量的水和能源,而回收过程中使用的化学药品可能对环境造成一定的污染。纸质包装的生产和处理过程可能涉及大量的漂白剂和染料,这些化学物质也会对环境造成影响。

包装材料的焚烧也是一个重要的污染源。虽然焚烧可以减少固体废物的体积,但在焚烧过程中,尤其是在不完全燃烧的情况下,会释放大量的有害气体,如二氧化碳、氮氧化物和挥发性有机化合物。这些气体不仅会对空气质量造成影响,还可能对气候变化产生促进作用。

为了减少包装使用阶段对环境的影响,许多国家和地区已经采取了各种措施。具体而言,这些措施包括推动包装材料的回收利用、发展可降解和生物基包装材料、鼓励减少包装使用等。许多地方已经实施了强制性回收政策,要求企业和消费者将废弃的包装材料进行分类回收。一些企业正在开发新型的环保包装材料,这些材料可以在使用后迅速降解或由可再生资源制成,从而减少对环境的长期影响。

二、包装使用阶段环境影响的减少策略

(一)可降解材料的应用

在现代社会,环境保护已成为全球关注的焦点。随着经济的发展和消费者需求的增加,包装行业的环境影响也日益显著。尤其是在包装的使用阶段,其对环境的影响不容忽视。传统的包装材料如塑料和纸张虽然在方便性和成本上具有优势,但其对环境的负面影响,如资源浪费、垃圾量增加和污染问题,逐渐显露出来。因此,探索并应用可降解材料成了减少包装使用阶段环境影响的重要策略之一。

可降解材料的使用可以显著减轻包装材料对环境的负担。可降解材料指的是那些在自然环境中能够被微生物分解的材料。与传统塑料材料不同，这些材料能够在一定时间内被自然界中的微生物分解为无害物质，从而减少长期存在于环境中的固体废弃物。可降解材料的应用不仅能减轻固体废物的处理压力，还能降低环境污染的风险。

在可降解材料的种类中，生物降解塑料（如 PLA、PHA 等）受到广泛关注。PLA 是一种由玉米淀粉或其他植物性原料制成的塑料，具有较好的透明性和机械性能。PLA 在适当的条件下可以被微生物分解成二氧化碳和水，从而减轻对环境的负担。PHA 则是由微生物直接合成的高分子材料，它具有较高的降解性和生物相容性，适用于各种包装。生物降解塑料的应用，尤其是在食品包装和一次性用品中，可以有效减少塑料污染。

生物基材料也是可降解材料中的一个重要类别。生物基材料是指那些由植物等生物质资源制成的材料。这些材料不仅具备较好的降解性，而且其生产过程相较于传统塑料能显著减少对化石燃料的依赖，降低碳排放。竹纤维和玉米淀粉材料在包装领域的应用越来越广泛。这些材料不仅可以实现较快的生物降解，还能减轻环境的总体负担。

为了进一步推广可降解材料的使用，各国政府和企业正在采取一系列措施。政府通过立法和政策鼓励可降解材料的研发和应用。一些国家已经实施了"禁塑令"或限制一次性塑料产品的使用，推动了可降解材料的市场需求。政府还通过财政补贴和税收优惠等手段支持相关企业的研发和生产，以此促进可降解材料的普及。

在企业方面，许多公司已经开始在其包装材料中引入可降解材料，作为其可持续发展战略的一部分。通过研发新型可降解材料并将其应用于实际生产中，企业不仅能够提升自身的市场竞争力，还能够树立良好的企业形象。企业在生产过程中还需要关注材料的生产工艺和降解条件，以确保最终产品的降解效果符合预期。某些可降解材料需要特定的温湿度条件才能有效降解，因此在选择和应用时需要进行相应的评估。

消费者的环保意识提升也是推动可降解材料应用的重要因素。随着环保理念的普及，越来越多的消费者开始关注包装材料的环保性能，并愿意为使用可降解材料的产品支付更高的价格。企业在了解消费者需求的基础上，推出更多符合环保要求的包装产品，能够有效地推动市场的进一步发展。

可降解材料的应用也面临着一些挑战。首先是成本问题，目前可降解材料的生产成本仍然较高，相较于传统材料价格偏贵，这对一些中小企业来说是一个不小的负担。其次，虽然可降解材料在设计时考虑了环境友好性，但实际降解过程往往会受到环境条件的影响。在不同的环境条件下，材料的降解速度可能差异较大，影响了其实际效果。最后，消费者的认知和接受度也需要进一步提高，以确保可降解材料的广泛应用。

（二）政策法规推动

在全球环境问题日益突出的背景下，包装使用阶段的环境影响成为各国政府和社会公众关注的重点。包装在保护产品方面发挥了重要作用，但其生产和处置过程对环境造成了显著影响。因此，减少包装使用阶段环境影响的策略以及政策法规的推动是至关重要的。

政府通过立法来推动包装使用阶段的环境保护措施。法规的制定和实施是控制包装环境影响的根本途径之一。一些国家实施了强制性回收政策，要求生产商和消费者回收特定类型的包装材料。这类政策通过提高回收率，减轻了废弃物对环境的负担。政府还通过设立包装材料的环保标准，规定包装材料的可回收性、生物降解性等要求，以期从源头减少包装对环境的影响。

政策法规还可以通过经济手段来激励企业和消费者选择环保包装。政府可能会对使用环保材料的企业给予税收优惠或者财政补贴，这些措施可以有效降低企业的生产成本，从而鼓励更多企业采用环保包装。政府还可以对使用不环保材料的企业征收额外税费或罚款，以此来增加其生产成本，从而促使企业实现环保转型。这种经济激励机制不仅可以改变企业的生产行为，而且能够影响消费者的选择，使得环保包装得到更广泛的应用。

政府还需要加强对包装设计的引导。通过制定设计标准和指南，鼓励企业采用减少材料使用、提高材料回收率的设计方案。政府可以设立包装设计奖项，奖励那些在环保设计方面表现突出的企业。这种措施不仅能够提高企业对环保设计的重视程度，也能推动整个行业的环保技术创新。政府还应鼓励企业之间的经验分享，推动行业内部的环保设计标准化，以便促进更广泛的环保措施落地实施。

教育和宣传也是减少包装使用阶段对环境影响的重要手段。通过增强公众的环保意识，可以有效促进包装材料的回收和减少使用。政府可以通过各种渠道，如媒体宣传、公共教育活动、学校课程等，向公众普及包装对环境的影响以及环保包装的选择方法。通过增强消费者的环保意识，消费者在购物时更倾向于选择环保包装，从而在市场上形成对环保包装的需求，进一步推动企业的环保转型。

国际合作也是减少包装使用阶段环境影响的重要策略之一。由于环境问题具有全球性，单一国家的努力往往难以取得显著效果。因此，开展国际合作至关重要。各国可以通过签署国际环保协议、共享环保技术、协作进行环保研究等方式，共同应对包装对环境的影响。国际组织如联合国环境规划署（UNEP）等可以发挥协调和指导作用，推动全球范围内的环保政策和行动计划，确保各国在减少包装环境影响方面的努力得到有效支持和协调。

在政策法规的推动下，企业和消费者的行为也将发生积极变化。企业在面对严格的法规和激励措施时，将更加注重包装的环保设计，积极采用可回收、可降解的包装材料。消费者在了解环保政策和包装影响后，也会主动选择环保包装产品，养成绿色消费的习惯。这种政策与市场机制的联动，能够有效推动包装行业的环保转型，实现包装使用阶段环境影响的显著减少。

第二节 全链条协同治理下的可重复使用与多功能设计

一、全链条协同治理下可重复使用设计的概念与优势

（一）可重复使用设计的概念

指的是设计的产品或包装在完成其初始使用目的后，能够被多次使用而无须再加工或处理。这种设计强调延长产品的生命周期，减少废弃物。

（二）可重复使用设计的优势

1. 环境效益

在全球面临日益严重的环境问题的背景下，可重复使用设计作为一种环境友好的解决方案正受到越来越多的关注。全链条协同治理下的可重复使用设计不仅能够显著减少废弃物，还能够在资源使用、能源消耗和环境保护等方面带来诸多优势。这种设计理念不仅涉及产品本身的设计，还需要在生产、物流、使用和处置等各个环节进行协调，以实现最佳的环境效益。

可重复使用设计的最大优势在于减少废弃物。在传统的线性经济模式下，产品在使用结束后通常被丢弃，成为废弃物。而在可重复使用设计的框架下，产品被设计为可以多次使用，从而延长其生命周期。这种设计理念减少了产品的更换频率，从而显著降低了废弃物的产生量。一些公司已经开始设计可重复使用的包装材料，如可循环使用的容

器和袋子，这些材料可以在多个循环中保持其功能，避免了传统一次性包装材料带来大量废弃物的问题。

减少废弃物的排放也有助于节约资源。生产一次性产品需要大量的原材料，而这些材料在产品使用后通常会被丢弃，不再被利用。相比之下，可重复使用设计减少了对原材料的需求，因为同一个产品可以多次被使用，从而减少了原材料的消耗。设计一个耐用的水瓶而不是一次性塑料瓶，不仅减少了塑料的使用量，还降低了对石油资源的需求。可重复使用的产品通常还可以在其使用生命周期内进行维修和升级，这进一步减少了对新资源的依赖。

在能源消耗方面，可重复使用的设计也展现出了明显的优势。生产过程通常是能源密集型的，尤其是对于一次性产品而言，每次生产都需要消耗大量的能源。通过设计可重复使用的产品，可以减少生产次数，从而降低能源消耗。生产一个高质量的可重复使用购物袋所消耗的能源，可能低于生产若干个一次性购物袋所需的能源。这种节能效果不仅降低了生产成本，还减少了温室气体的排放，对减缓全球气候变暖具有积极作用。

在环境保护方面，可重复使用设计对生态系统也有显著的益处。一方面，减少废弃物的产生有助于减轻垃圾填埋场的负担，减少土壤和水体的污染。另一方面，可重复使用设计通过降低材料的需求和生产频率，减少了对自然资源的开采和加工，从而保护了自然生态系统。通过推广使用可重复使用的餐具和容器，可以减少一次性塑料餐具对海洋生物的威胁，避免塑料垃圾对海洋生态系统造成伤害。

在全链条协同治理的框架下，可重复使用设计的优势不仅体现在产品设计阶段，还需要在生产、物流、使用和处置等环节进行有效的协调。在生产阶段，企业需要采用环保材料和工艺，确保产品在生命周期内的环境影响最小化。在物流环节中，需要优化运输和包装方式，以减轻对环境的负担。采用可折叠的运输包装可以减少运输过程中的空间占用，进而降低运输能耗。在产品使用阶段，消费者的参与和教育也是关键。提高公众对可重复使用产品的认知，鼓励其积极参与使用和维护，可以最大限度地发挥可重复使用设计的环境效益。在产品处置阶段，建立有效的回收和再利用系统，确保产品在生命周期结束后仍能得到有效的处理和再利用。

2.经济效益

在全链条协同治理的框架下，推动可重复使用设计的实施可以带来显著的经济效益。全链条协同治理是指在产品生命周期的各个阶段，从设计、生产、运输、使用到回收，所有相关方共同协作，以实现资源的高效利用和环境影响的最小化。在这种协同治理模式下，可重复使用设计不仅有助于提升资源利用效率，还能带来经济上的显著收益。

可重复使用设计通过降低原材料和生产成本，为企业带来了直接的经济利益。传统的一次性产品设计需要频繁地采购原材料和进行生产，而可重复使用设计则大幅减少了对原材料的依赖。采用耐用且可重复使用的包装设计，企业可以减少对一次性包装材料的需求，从而降低生产成本和减少原材料采购费用。长期使用可重复使用产品也有助于分摊固定的生产成本，进一步降低单位产品的成本。

实施可重复使用设计可以减少废弃物处理和回收成本。传统的一次性产品在使用后需要进行处理和处置，这通常涉及高昂的垃圾处理费用和回收管理费用。可重复使用设计则减少了废弃物，从而降低了相关的处理和处置成本。企业可以通过设计易于回收、易于管理的产品，减少废弃物处理的复杂性和成本，实现更高效的资源循环利用。一些公司通过回收旧产品并进行翻新，降低了生产新产品的成本，并通过销售翻新产品获得额外的收益。

在全链条协同治理的背景下，企业可以通过与供应链合作伙伴共同推动可重复使用设计，进一步优化经济效益。供应链的协同作用能够确保设计方案的可实施性和经济性。制造商可以与材料供应商紧密合作，选择适合可重复使用设计的材料，并在生产过程中进行优化。物流公司可以与企业合作，优化运输和存储方案，以降低运输成本和减少对包装材料的需求。这种协同效应能够最大限度地发挥可重复使用设计的经济优势。

可重复使用设计还能够提升企业的市场竞争力和品牌价值。随着环保意识的增强，消费者越来越倾向于选择那些具有环保性和可持续性承诺的品牌。企业实施可重复使用设计，展示其对环境保护的承诺，能够吸引更多的环保消费者，从而提升市场份额和品牌忠诚度。品牌的良好声誉和市场定位也能够带来更高的销售额和利润。

从长远来看，可重复使用设计还能够降低企业面临的法规风险。许多国家和地区正在出台更加严格的环保法规，要求企业减少废弃物和提高资源回收率。通过提前采用可重复使用设计，企业可以提前适应这些法规，减少因不合规而带来的罚款和法律风险。企业的环保措施和创新也有助于获得政府的支持和补贴，从而进一步提升经济效益。

实施可重复使用设计还有助于推动整个行业的利润增长。行业内的创新和协作能够带来新的商业机会和市场需求。一些企业在推广可重复使用设计的同时还发展了相关的服务业务，如产品维护、修理和翻新。这些新业务不仅为企业带来了额外的收入，还促进了相关产业链的发展，为经济增长注入了新的活力。

二、多功能设计在全链条协同治理中的应用

（一）多功能设计的概念

指在设计产品或包装时，赋予其多种功能，使其不仅能满足一种用途，还能提高其使用价值和延长生命周期。

（二）多功能设计在各环节的实施

1. 设计与制造环节

在全链条协同治理的背景下，多功能设计成为提升设计与制造环节效率和效果的关键因素。全链条协同治理强调从原材料采购、设计、制造、运输到最终产品使用和处置的全过程协同，通过信息共享和优化管理来提升整体效能。多功能设计的引入，不仅能在单一环节中产生效益，更能在整个供应链中实现资源的最大化利用和成本的最优化控制。

多功能设计的核心理念是通过设计上的创新，使得产品在一个设计方案中具备多种功能，以减少资源浪费和生产复杂度。这种设计策略能够有效地优化制造过程，缩减材料使用，降低生产成本，并提高产品的市场竞争力。

在设计阶段，多功能设计的应用能够显著提升设计效率和产品性能。传统的设计方法往往专注于单一功能的实现，而多功能设计则鼓励设计师在同一个产品中整合多种功能。例如，智能手机的出现将通信、摄像、计算、娱乐等多种功能集成于一个设备中。将这些功能集成在一个产品内，不仅提升了用户的使用体验，也减少了对多个产品的需求，从而降低了整体的资源消耗。

多功能设计在设计阶段的优势还体现在创新能力的提升和市场适应性的增强。设计师通过多功能设计，可以更好地满足市场需求的多样性和个性化。例如，现代家居设计中，很多家具产品都结合了储物、舒适和美观等多种功能，满足了不同消费者的需求。这种设计不仅提升了产品的附加值，还提升了市场竞争力。

在制造环节，多功能设计同样展现出其独特的优势。多功能设计能够简化生产工艺。传统的生产工艺可能需要为每个功能设计不同的零部件和生产流程，而多功能设计则通过集成设计减少了零部件数量，简化了生产工艺。这不仅降低了生产复杂度，还能够减少生产过程中的错误和不一致性，从而提高生产效率。

通过将多个功能集成于一个产品中，能够减少需要采购和处理的原材料数量，从而降低生产成本。例如，在汽车设计中，车身材料的选择和结构设计的优化能够同时满足安全性、轻量化和美观等多种要求。这种设计方法不仅提高了汽车的燃油效率，还减少了材料的浪费和生产成本。

制造环节的另一重要优势是多功能设计能够提升生产灵活性和响应速度。传统的生产线可能需要针对不同产品进行调整和切换，而多功能设计则通过标准化和模块化的方式，提高了生产线的灵活性。模块化家具的设计允许生产线在生产过程中快速切换不同的产品配置，从而提高生产效率和响应速度。

多功能设计在全链条协同治理中的应用还能够促进供应链的协同与整合。通过多功能设计，供应链中的各个环节可以更加紧密的合作，从而提升整体效率。在汽车制造过程中，车身的多功能设计可以减少对不同供应商零部件的依赖，进而简化供应链管理。这种设计策略使得供应链中的各个环节能够更好地协调，减少了供应链中的摩擦和浪费，提高了整体运营效率。

2.流通与运输环节

在现代供应链管理中，全链条协同治理成为提升效率和降低成本的重要策略。多功能设计在这一过程中扮演了至关重要的角色，在流通与运输环节中，其影响尤为显著。多功能设计的应用，可以有效提高物流效率、减少资源浪费和降低环境影响，从而实现更为高效和可持续的供应链管理。

多功能设计在流通环节中的应用有助于提升物流效率。在传统的物流系统中，包装和运输通常被视为两个独立的环节，包装设计和运输规划之间的协调不足，常常导致资源的浪费和效率的降低。而通过多功能设计，可以将包装和运输功能进行优化整合，从而提升整体的物流效率。采用具有堆叠和拆卸功能的多功能包装设计，可以在运输过程中减少占用的空间，提高装载效率。多功能包装设计还可以集成防震、防潮等多种功能，减少产品在运输过程中的损坏率，从而降低退换货成本和减少资源浪费。

多功能设计可以有效减少资源浪费。在流通环节中，传统的包装设计往往会使用大量的包装材料，而这些材料在运输过程中可能会被丢弃或者难以回收。通过多功能设计，可以实现包装材料的再利用和多次使用，从而减少包装材料的总体需求。采用可折叠的多功能包装设计，不仅可以减少运输过程中占用的空间，还可以在运输完成后将包装材料折叠起来进行回收和再利用。此外，智能化的包装设计还可以集成传感器和信息技术，实时监控产品的运输状态，从而有效避免因环境因素导致的产品损坏，进一步减少资源浪费。

在运输环节中，多功能设计同样能够带来显著的环境效益。随着环境保护意识的提升和法规的严格，减少碳排放和能源消耗成为运输行业的主要目标。多功能设计可以通过优化运输工具的结构和功能，降低能源消耗和碳排放。设计具有优化气动性能的运输工具，可以减少行驶过程中的空气阻力，从而提高燃油效率和减少排放。通过集成智能导航系统和数据分析技术，可以优化运输路线和调度策略，减少不必要的空驶和拥堵，从而进一步降低运输过程中的能源消耗和环境影响。

在全链条协同治理中，多功能设计还能够促进供应链各个环节之间的协调与合作。通过设计具有多种功能的包装和运输系统，可以实现信息的共享和协同管理。采用带有条形码或射频识别技术的多功能包装，可以在流通环节中实时跟踪产品的位置和状态，从而提高供应链的透明度和协作效率。利用智能化的数据分析平台，可以将运输环节中的各类数据进行整合和分析，从而为供应链管理提供更为精准的决策支持，进一步提升供应链的整体效率和响应能力。

第三节　消费者行为研究与包装使用

一、消费者行为的基本概念

（一）消费者行为定义

消费者行为指的是消费者在购买、使用、评价和处置产品过程中表现出的各种行为和决策。这包括消费者对包装的认知、态度和购买决策。

（二）消费者行为的影响因素

1. 心理因素

消费者行为是市场营销学中的核心研究领域，而心理因素在影响消费者行为方面起着至关重要的作用。消费者的心理状态、个体差异和内在动机都会对他们的购买决策和消费行为产生深远的影响。理解这些心理因素可以帮助企业更好地满足消费者需求，制定更有效的市场策略。以下是对影响消费者行为的主要心理因素的详细探讨。

动机是消费者行为的根本驱动力。动机指的是消费者为了满足某种需求而采取的行动。根据马斯洛的需求层次理论，消费者的需求可以分为生理需求、安全需求、社交需求、尊重需求和自我实现需求。生理需求如食物和水是最基本的，安全需求包括对自身安全和稳定的渴望，社交需求涉及与他人的联系和归属感，尊重需求包括对自我和他人尊重的需求，而自我实现需求则是对个人潜力和成就的追求。不同的需求层次会影响消费者的购买决策和品牌选择。奢侈品消费往往与尊重需求和自我实现需求相关，而基础的食品消费主要满足生理需求。

消费者在接收到信息后会进行认知加工，这一过程包括知觉、记忆、判断和决策。知觉是指消费者对产品信息的感知和解读，记忆则涉及对产品信息的储存和回忆。消费者在选择产品时会根据自身的认知经验进行判断，可能会选择熟悉的品牌而非新品牌，因为熟悉感可以带来更多的信任感。认知失调理论指出，当消费者在购买后对自己的决策产生疑虑时，他们可能会寻找额外的信息来减轻这种不适感，该过程会影响后续的购买行为。

态度是消费者对某一事物的持久性评价，包括情感、信念和行为倾向。态度不仅影响消费者对品牌的偏好，还会影响他们的购买决策和忠诚度。态度的形成通常受个人经历、社会环境和文化背景的影响。例如，一个消费者可能因为某品牌的广告宣传而对其产生积极的态度，从而增加购买该品牌产品的可能性。企业可以通过了解目标消费者的态度来设计更加吸引人的广告和促销活动，从而提升品牌形象和增加销售额。

价值观是个人对什么是重要的、值得追求的和什么是正确的信念体系。这些价值观可以包括对环保的关注、对健康的重视以及对社会责任的理解。越来越多的消费者倾向于购买环保产品，因为他们认为这样做符合环保价值观。企业可以通过与消费者的价值观对接来制定产品和营销策略，从而获得消费者的信任和支持。

消费者的情感状态能够影响他们的购买决策和消费体验。情感可以包括幸福、愤怒、悲伤等，而这些情感状态会对消费者的购买行为产生直接的影响。购物常常被用作情绪调节的方式，有些消费者在感到压力或情绪低落时会通过购物来寻求安慰。正面的情感体验，如购物带来的愉悦感，也可以提高消费者对品牌的忠诚度和满意度。企业可以通过创造积极的购物环境和提供优质的客户服务，来提升消费者的情感体验，从而促进销售和提高品牌忠诚度。

社会影响也是影响消费者行为的重要心理因素。社会影响包括家庭、朋友、同事和社会文化等方面。这些因素能够通过社会认同和社会压力影响消费者的购买决策。消费者可能会受到朋友圈中流行趋势的影响,选择购买某种时尚产品。家庭成员的意见和建议也是消费者决策的重要参考。企业在制定市场策略时需要考虑社会影响的因素,通过与消费者的社会群体建立联系,增加品牌的认同感和影响力。

个人自我概念是指消费者对自身形象的认知和评价。这种自我概念影响消费者对产品的选择,因为消费者往往倾向于选择符合自我形象的产品。一个注重健康生活方式的消费者可能会选择有机食品和运动装备,而一个追求奢华生活的消费者可能会选择高档品牌的产品。企业可以通过市场调研了解目标消费者的自我概念,从而设计出符合其自我形象的产品和营销信息,增强消费者的购买欲望和对品牌的忠诚度。

2. 社会因素

消费者行为受到多种因素的影响,其中社会因素占据了重要地位。社会因素包括社会阶层、家庭背景、文化与价值观以及社会群体等,这些因素共同作用,影响着消费者的购买决策和消费模式。了解这些社会因素的影响有助于企业制定更有效的营销策略和进行产品设计,以满足不同消费者的需求。

社会阶层是影响消费者行为的一个关键因素。社会阶层通常根据收入水平、教育背景、职业和生活方式等标准进行划分。不同社会阶层的消费者在消费能力、消费习惯和品牌偏好上存在显著差异。高社会阶层的消费者通常具有更高的收入和教育水平,他们的消费行为往往表现为对高品质、奢侈品和高端品牌的偏好。这些消费者更倾向于追求独特性和身份象征,因此高档品牌和定制服务往往受到他们的青睐。

相反,中低社会阶层的消费者可能更注重产品的实用性和性价比。他们的消费决策受经济条件的限制,对价格敏感,往往更倾向于选择价格适中、质量可靠的产品。在这些消费者中,品牌的影响力可能不如产品的功能和价格重要。因此,企业在制定产品和营销策略时,需要考虑不同社会阶层的需求和消费能力,制定出有针对性的市场策略。

家庭背景也是影响消费者行为的重要社会因素。家庭成员的消费习惯、生活方式和经济状况对个人消费行为有着深远的影响。家庭作为基本的社会单位,家庭成员之间的互动和消费决策往往会受到家庭结构和家庭角色的影响。家庭中有孩子的消费者可能更注重儿童用品的选择,而无孩家庭则可能在生活消费上更注重个人兴趣和娱乐。家庭的经济状况和消费观念也直接影响家庭成员的消费行为。收入较高的家庭可能更倾向于奢侈消费,而收入较低的家庭则可能更注重预算控制和节俭消费。

文化与价值观在消费者行为中扮演着重要角色。文化是一个社会群体所共同拥有的价值观、信仰、习俗和行为模式，它对消费者的购买决策和消费行为产生了深远影响。文化背景会影响消费者的产品偏好、品牌认同和购买习惯。在一些文化中，传统节日和习俗会影响消费者的购买决策，例如节日期间的购物需求和礼品选择。而在一些文化中，环保意识和社会责任感可能会影响消费者对品牌的选择，他们更倾向于支持那些具有环保意识和社会责任感的企业。

价值观也会对消费者行为产生深远影响。消费者的个人价值观，如健康意识、环保意识和社会责任感，都会影响他们的购买决策。对于健康有较高要求的消费者可能会倾向于选择有机食品和低糖产品，而对环保有强烈关注的消费者则可能选择那些可回收和可持续的产品。在这种情况下，企业需要了解目标消费者的价值观，制定出符合其需求的营销策略，以赢得他们的认可和支持。

社会群体和社交网络对消费者行为的影响同样不容忽视。社会群体包括家庭、朋友、同事和其他社交圈中的人，他们的意见和建议对消费者的购买决策有着重要影响。消费者往往受到身边人群的影响，这种社会影响包括口碑传播、推荐和社交媒体上的意见分享。当朋友推荐某个品牌或产品时，消费者可能更倾向于相信并购买这个产品。社交媒体和在线评论也在现代社会中发挥着重要作用，消费者往往会参考其他用户的评价和反馈，以决定是否购买某个产品或服务。

社会群体的影响不仅体现在产品选择上，还体现在消费行为的态度和方式上。消费者可能会因为群体的流行趋势而改变自己的消费习惯，例如跟随潮流购买流行服饰和配饰。消费者也可能因为群体的认同和影响而调整自己的品牌偏好和消费模式。在这种情况下，企业需要关注社会群体的动向和趋势，通过市场调研和分析，及时调整产品和营销策略，以迎合市场需求。

二、消费者行为对包装使用的实际影响

（一）包装吸引力

消费者行为对于包装使用的实际影响在市场营销中占据重要位置。包装不仅是保护产品和提供信息的载体，更是消费者在购买决策过程中重要的影响因素。包装的吸引力直接关系到消费者的购买意图、品牌认知以及产品的市场表现。通过对包装吸引力的研究，我们可以更好地理解消费者行为，以及如何通过优化包装设计来提高产品的市场竞争力。

包装的视觉吸引力在消费者决策中扮演了关键角色。包装的颜色、形状、图案和字体等视觉元素，都能够影响消费者的情感反应和购买决策。鲜艳的颜色和独特的设计往往能引起消费者的注意，尤其是在零售环境中，当消费者面对琳琅满目的商品时，包装的视觉吸引力可以决定产品是否能够脱颖而出。颜色心理学研究表明，不同颜色可以引发不同的情感和联想，如红色通常被认为是刺激和激动的象征，绿色则与自然和放松相关联。因此，品牌可以通过选择与产品特性和市场定位相符的颜色，来增强包装的吸引力。

包装形状也是影响消费者行为的重要因素。独特的包装形状可以使产品在货架上更具辨识度，吸引消费者的目光。某些品牌采用不规则或创新的包装形状来突出产品的独特性和品牌个性。包装形状不仅能影响消费者的第一印象，还能影响他们的使用体验。便于携带和使用的包装设计可以提高产品的便利性，进而提升消费者的满意度和忠诚度。

包装上的信息设计也对消费者行为有显著影响。包装上的标签、说明书、营养成分表等信息，不仅提供了产品的基本信息，还能影响消费者对产品的认知和信任度。清晰、简洁的信息传达能够增强消费者的购买信心，而模糊或不充分的信息可能导致消费者的疑虑和不满。因此，品牌在设计包装时应注重信息的准确性和易读性，确保消费者能够迅速获取所需的信息，并做出明智的购买决策。

包装的触感和质感也是影响消费者购买决策的重要因素。包装的材质、表面处理和手感等都能够影响消费者对产品的感知和评价。柔软的包装材质可能给人一种高品质和舒适的感觉，而坚硬的包装材质则可能给人一种高价值和耐用的印象。消费者在购买过程中不仅关注产品的功能和性能，还会考虑包装的触感和质感对其使用体验的影响。

包装的环保性也逐渐成为影响消费者行为的重要因素。随着环保意识的提升，越来越多的消费者开始关注产品包装的环保性和可持续性。使用可回收、可降解材料或减少材料浪费的包装设计能够获得环保意识强的消费者的青睐。品牌可以通过在包装中使用环保材料、减少塑料使用或推出环保包装系列，来提升品牌形象，并吸引环保意识强的消费者群体。

消费者行为研究表明，包装的吸引力还与产品的品牌形象和市场定位密切相关。品牌形象和市场定位能够影响消费者对包装设计的期望和评价。高端品牌通常采用精致、豪华的包装设计来体现产品的高价值，而大众品牌则可能采用简单、实用的包装设计来控制成本。通过了解目标消费者的需求和偏好，品牌可以设计出符合其期望的包装，从而提升产品的市场竞争力。

包装的吸引力不仅影响消费者的购买决策，还可能对品牌忠诚度产生影响。研究显示，具有吸引力的包装能够提高消费者对品牌的好感和忠诚度，从而促使消费者重复购买和推荐产品。创新和独特的包装设计可以增强消费者的品牌记忆，使品牌在消费者心中占据更有利的位置。品牌还可以通过包装设计的差异化来建立独特的市场定位，从而进一步巩固消费者对品牌的忠诚度。

包装的吸引力也必须与实际产品质量相匹配。包装设计虽然能够引起消费者的兴趣和购买欲望，但如果产品质量无法满足消费者的期望，可能导致负面的购买体验和品牌评价。因此，品牌在追求包装吸引力时，必须确保产品的质量和性能，才能真正赢得消费者的信任和满意。

（二）包装处置行为

消费者行为对包装使用的实际影响，尤其是包装处置行为，对整个环境的影响深远且复杂。消费者在选择、使用和处置包装的过程中，其行为直接影响了包装的生命周期及其对环境的影响。理解消费者行为在包装处置方面的实际影响，有助于企业制定更有效的环保政策和推广更加可持续的包装解决方案。

消费者在购买时的选择行为对包装使用有直接影响。随着环保意识的提升，越来越多的消费者开始关注产品的包装是否环保。在购买决策中，包装的材料、可回收性和可再利用性常常成为消费者考量的因素之一。一些消费者倾向于选择那些使用可降解或可回收材料的产品，这一趋势促使企业在设计和生产过程中更加注重环保包装的应用。因此，消费者的购买行为能够驱动市场对环保包装的需求，推动生产企业在包装设计上进行创新，以减轻环境负担。

消费者在实际使用过程中，对包装的处理也影响着环境。许多消费者在使用产品后，常常将包装直接丢弃，而不是进行回收或分类。这种行为导致了大量的包装材料最终进入填埋场或焚烧炉，增加了资源浪费和环境污染。尽管许多国家和地区已经实施了包装回收法规，但回收率的提高仍然依赖于消费者的积极参与。因此，消费者在使用后的包装处置行为直接影响了包装材料的回收效果和资源的再利用。

为了解决包装处置行为中的问题，政府和企业需要采取一系列措施来引导和激励消费者采取更加环保的处置行为。政府可以通过宣传和教育，提高公众对包装处置重要性的认识。例如，开展环保教育活动、制作宣传材料、在社区举办讲座等方式，帮助消费者了解包装材料的分类、回收方法以及对环境的影响。政府还可以制定和实施强制性回收政策,要求生产商和零售商提供清晰的回收指引,并在产品包装上标明回收信息,以便于消费者进行分类和回收。

企业在包装设计和市场推广方面也可以发挥积极作用。企业可以通过设计易于回收和拆解的包装来简化消费者的回收过程。采用单一材料的包装设计,避免使用难以分离的复合材料,从而提高回收的便利性。企业可以在产品包装上添加明确的回收标识和说明,指导消费者如何正确进行回收。企业还可以与回收机构合作,建立回收网络,提供便捷的回收渠道和设施,鼓励消费者将包装材料送往指定的回收点。

创新型的回收激励措施也能有效促进消费者的环保行为。企业可以设立积分奖励系统,鼓励消费者在回收包装时获得积分,这些积分可以用于购买折扣商品或兑换礼品。这种措施不仅能提高消费者的回收意愿,还能提高其对环保行动的积极性。企业还可以通过实施包装退还政策,鼓励消费者将包装退还给生产商,从而减少包装材料的流失和环境负担。

政府和企业的措施虽然能在一定程度上改善消费者的包装处置行为,但要真正实现可持续的包装管理,还需要社会各界的共同努力。社区组织和非政府组织都可以发挥重要作用,通过组织回收活动、提供环保咨询服务等方式,进一步引导和支持消费者的环保行为。学校教育也是重要的一环,通过将环保知识融入课程和校园活动,培养学生的环保意识,为未来的消费者行为奠定坚实基础。

第四节 提高包装使用阶段可持续性的策略

一、提高包装使用阶段可持续性的策略

(一)环保材料的应用

在现代社会,包装作为商品流通和销售的重要组成部分,其环境影响逐渐受到广泛关注。为了提高包装使用阶段的可持续性,环保材料的应用成了一个重要的策略。这不仅涉及材料的选择,还包括材料的生产、使用和处理等多个方面。通过采用环保材料,可以显著减轻包装对环境的负担,实现更加可持续的包装解决方案。

可再生材料是提高包装可持续性的重要方向。可再生材料是指那些来源于自然资

源，能够在短时间内重新生成的材料。纸浆和竹子是常见的可再生包装材料。纸浆包装不仅来源于可再生的森林资源，而且通过回收再利用可以减少对新材料的需求。许多食品和饮料包装现在使用再生纸浆生产，这种包装材料在使用后可以被回收，进一步减少了对新纸浆的需求。竹子由于生长迅速、再生能力强，也被广泛应用于包装领域，如竹制包装盒和竹纤维袋。这些材料的使用可以有效减少对不可再生资源的依赖，并减轻对环境的负担。

生物降解材料是另一种具有良好环保特性的包装材料。这类材料在自然环境中能够较快地分解为无害物质，从而减轻了垃圾填埋场的压力。常见的生物降解材料包括聚乳酸、聚羟基脂肪酸酯等。这些材料通常由植物原料制成，如玉米淀粉和甘蔗渣，具有良好的降解性。使用生物降解材料不仅可以减少塑料对环境的污染，还可以在材料分解过程中对土壤和水体造成的负面影响大幅度降低。生物降解包装材料在食品包装和一次性产品中逐渐得到应用，为减少塑料垃圾提供了可行的解决方案。

可循环材料的应用也是提高包装可持续性的一种有效策略。可循环材料是指那些能够经过循环使用、再加工或再生的材料，如玻璃、铝和某些塑料。与一次性材料相比，可循环材料可以在产品生命周期结束后被回收，并重新加工成新的包装材料。玻璃瓶和铝罐都可以通过回收过程被清洗、熔化，并重新制造成新的包装容器。采用可循环材料的包装不仅能够减少对原材料的需求，还能够降低生产和处理过程中的能源消耗。企业通过建立有效的回收系统和促进材料的循环使用，可以显著提高包装的环境可持续性。

低环境影响材料也是一种值得关注的环保包装材料，这类材料在生产和使用过程中对环境的影响较小。例如，某些新型塑料材料采用低能耗的生产工艺，或者在生产过程中减少了有害物质的排放。这些低环境影响材料能够降低包装生产对资源和能源的需求，同时减少生产过程中的碳足迹。采用低环境影响材料还能够减轻包装废弃物对环境的负担，提高整体环境的可持续性。

在选择和应用环保材料时，综合考虑材料的生命周期也是提高包装可持续性的重要策略。材料的生命周期包括从原材料的获取、生产、使用到废弃处理的全过程。通过全面评估材料在整个生命周期中的环境影响，可以选择那些在各个阶段都表现优异的环保材料。一些企业在评估包装材料时，不仅考虑其生产过程中对资源和能源的消耗，还会考虑其在使用过程中的性能和可回收性，以及最终处理过程中对环境的影响。综合考虑材料的生命周期，可以确保选择的包装材料在实际应用中真正具备较低的环境负荷。

（二）建立完善的回收体系

提高包装使用阶段的可持续性是现代企业面临的重要挑战之一。建立一个完善的回收体系是实现这一目标的关键策略之一。通过回收体系，可以有效降低包装废弃物的环境影响，提高资源的循环利用效率。以下将详细探讨建立完善的回收体系的策略及其实施要点。

建立完善的回收体系需要从政策法规方面入手。政府应制定和实施相关的法规政策，以推动包装回收的系统化和规范化。政府可以制定强制性的回收规定，要求生产企业负责产品包装的回收和处理。通过政策引导，企业在设计包装时必须考虑回收的便利性和有效性，确保包装材料可以被有效地回收和再利用。政府还可以通过提供财政激励和补贴政策，鼓励企业投资于回收技术和设施，进一步推动回收体系的发展。

企业在建立回收体系时需要从源头设计入手。源头设计是指在产品设计阶段就要考虑包装的回收和再利用问题。企业应优先选择可回收、可降解或可再生的包装材料，并避免使用难以回收的复合材料。企业可以使用单一材料的包装，以便于回收和分类。为此，设计简化的包装结构和标识清晰的回收指引，也是提高回收效率的重要措施。企业应与包装设计师和材料供应商密切合作，确保包装设计符合回收要求，从而减少包装废弃物。

建立完善的回收体系还需要构建高效的回收网络。回收网络的建设涉及多个环节，包括消费者、回收商、物流公司和处理设施等。企业可以通过与地方政府和回收公司合作，建立起覆盖广泛的回收渠道和设施。在消费者使用后，设置便捷的回收点或回收箱，鼓励消费者将废弃包装物投放至回收系统。企业可以通过回收商和物流公司建立高效的物流网络，确保回收材料能够迅速送达处理设施。企业还可以利用先进的技术，如智能回收系统和物联网技术，提高回收网络的效率和准确性。

增强公众的回收意识和参与度是建立回收体系的重要组成部分。消费者的参与对回收体系的成功建立至关重要。企业应通过各种途径向消费者宣传回收的重要性，并提供相关的回收知识和指引。企业可以通过广告、社交媒体和产品标签等渠道，教育消费者如何正确分类和回收包装材料。企业还可以开展回收激励活动，如回收积分奖励或兑换优惠，鼓励消费者积极参与回收活动。通过增强公众的回收意识和参与度，可以有效提高回收体系的覆盖面和回收率。

建立完善的回收体系还需关注回收材料的后续利用。回收材料的再利用和再加工是回收体系的重要环节。企业应与回收处理厂合作，确保回收材料能够得到有效的处理和再利用。回收的纸板和塑料可以经过加工处理，制成新的包装材料或其他产品。企业还可以探索将回收材料的创新应用于生产线上，如使用再生塑料生产新产品，减少对原材料的需求。企业还可以通过建立回收材料的市场，推动再生材料的应用和市场化的发展，从而提高回收材料的经济价值。

建立回收体系的过程需要不断优化和调整。企业应定期评估回收体系的运行效果，并根据实际情况进行改进。通过分析回收数据和反馈信息，识别回收过程中的瓶颈和问题，并采取措施进行优化。企业还可以借鉴行业内的成功经验和最佳实践，学习先进的回收技术和管理方法，以期提高回收体系的整体效率和效果。

在实施回收体系的过程中，企业还应考虑与供应链的协同合作。供应链中的各个环节，如供应商、生产商和销售商，都对回收体系的效果产生影响。企业可以与供应链伙伴共同制订回收目标和计划，确保各方在回收过程中发挥作用。企业可以要求供应商提供符合回收要求的包装材料，并与销售商合作，设立回收点和开展回收宣传活动。通过供应链的协同合作，可以形成全链条的回收网络，提高回收体系的综合效益。

二、提高包装使用阶段可持续性的实施策略

（一）绿色设计原则

在现代社会，随着环保意识的增强和可持续发展理念的普及，包装的可持续性成了设计和制造过程中的重要考量因素。绿色设计原则作为提高包装使用阶段可持续性的核心策略之一，旨在通过科学的设计方法和创新的材料应用，降低包装对环境的负面影响。此举不仅有助于减少资源浪费和环境污染，还能提升品牌形象和市场竞争力。

绿色设计原则的实施策略包括以下几个方面：优化材料选择、降低资源消耗、延长产品生命周期、促进材料的回收和再利用，以及提高产品的功能性和用户体验。这些策略不仅有助于提高包装的环境友好性，还能够推动包装行业的可持续发展。

优化材料选择是绿色设计原则的关键策略之一。选择环保材料是实现包装可持续性的基础。传统包装材料如塑料、泡沫等常常难以降解，从而造成环境污染。为了减轻对环境的负担，设计师应优先选择可再生、可降解或可回收的材料。生物基塑料（如PLA）和纸质包装材料可以在一定时间内被自然降解，减少对环境的长期影响。设计师

还可以考虑使用再生纸或可回收铝箔等材料,这些材料在生产过程中对资源的消耗较少,对环境的影响也更小。

降低资源消耗是绿色设计的另一个重要策略。在包装设计过程中,通过精简材料使用和优化设计结构来减少资源消耗。采用轻量化设计可以减少包装材料的用量,从而降低生产和运输中的能耗。简化包装设计,减少不必要的装饰和附加材料,也能够降低资源的使用和废弃物的产生。在设计阶段,设计师可以使用计算机辅助设计软件进行优化,确保包装设计的有效性和经济性。

延长产品生命周期是提高包装可持续性的另一个重要策略。包装不是一次性使用的工具,其设计和使用寿命对可持续性有着直接影响。设计师应考虑如何使包装在其使用阶段具备更长的使用寿命,设计可重复使用的包装解决方案。在许多日常消费品中,设计可重复使用的包装容器(如玻璃瓶、金属罐等)能够减少一次性包装的需求,减少废弃物的产生。包装的设计应考虑到产品的保护功能,避免因包装设计不当导致产品损坏,从而造成浪费。

促进材料的回收和再利用也是实现包装可持续性的重要策略。绿色设计原则强调包装设计应便于拆解和分类,以便于回收处理。设计可拆卸的包装结构,可以方便地将不同材料分开,便于回收和再利用。在设计过程中,设计师还应考虑材料的回收率和回收过程的效率,选择那些易于回收和再利用的材料。促进包装材料的闭环回收也是绿色设计的重要方向,即通过回收系统将废弃的包装材料重新加工成新的包装材料,实现资源的循环利用。

增强产品的功能性和用户体验也是绿色设计的重要方面。高功能性的包装不仅能够提升消费者的使用体验,还能降低包装的整体消耗。设计具有多重功能的包装,如集成储存、保鲜和便携功能的包装,能够减少对多个包装的需求,从而降低资源消耗和废弃物产生。包装设计应考虑到用户的便利性和使用体验,如易于开启、易于储存等,使得消费者在使用过程中能够更方便、更舒适,进而提高包装的实际价值。

(二)生产工艺改进

提高包装使用阶段的可持续性,尤其是通过生产工艺的改进,是实现环境保护和资源节约的重要途径。随着全球对环境问题的关注加剧,企业在包装生产过程中面临着越来越多的压力,要求他们在提高包装功能性的同时,减少资源消耗和环境影响。以下是通过生产工艺改进提高包装可持续性的几种关键实施策略。

采用环保材料是提高包装可持续性的核心策略之一。生产工艺的改进可以从材料的选择开始，优先选用可再生、可回收或可降解的材料。生物基塑料和纸质材料是相较传统塑料具有更低环境影响的选项。这些材料不仅可以减少对石化资源的依赖，还能在使用后通过生物降解或回收处理，减轻对环境的负担。生产工艺的改进可以包括对这些环保材料的开发和应用，如改进生产流程，以提高其性能和适应性，从而更好地满足包装设计的需求。

通过精确的设计和生产工艺，可以减少材料的浪费。采用计算机辅助设计和模拟技术，可以在设计阶段精确控制包装材料的用量，从而减少多余的材料使用。生产工艺方面，精细化的切割、折叠和黏合技术可以最大限度地利用材料，避免在生产过程中产生大量废料。同时，改进的模具设计和高效的生产设备也能显著提高生产效率，减少资源浪费。

在生产包装的过程中，能源消耗是一个主要的环境影响因素。企业可以通过优化生产设备和工艺流程来降低能源消耗。采用高效能的生产设备和节能技术，如节能灯具、先进的加热和冷却系统等，可以减少能源消耗。通过改进工艺流程，如优化加热和冷却过程、减少停机时间等，也能进一步提高能源利用效率。利用可再生能源如，太阳能、风能等，也可以减少对石化能源的依赖，降低碳排放量。

智能化的生产线能够实时监控和调整生产过程，提高生产的精确度和效率。通过引入物联网技术和大数据分析，可以实时监控生产过程中的各项指标，快速调整生产参数，以减少资源浪费和生产缺陷。自动化技术还可以减少人工操作中的不确定性，提高生产过程的稳定性，从而降低废品率并减少材料浪费。通过智能化生产管理系统，可以实现生产过程的优化和资源的最大化利用。

第七章　全链条协同治理下的包装废弃物管理与再利用

第一节　包装废弃物的分类与处理

一、包装废弃物的分类标准

（一）按材料分类

包装废弃物的分类标准按照材料分类，可以从多种角度进行探讨。常见的包装废弃物主要包括纸质包装、塑料包装、金属包装、玻璃包装等，每一种材料的包装废弃物都有其独特的处理和回收方法。了解这些分类标准不仅有助于提高资源回收率，还能有效减少环境污染，促进资源的可持续利用。

纸质包装是日常生活中最为普遍的一种包装材料。纸质包装废弃物通常包括纸箱、纸袋、纸板、报纸等。根据材料的不同，纸质包装废弃物可以进一步分为瓦楞纸板、新闻纸、涂布纸等。瓦楞纸板通常用于运输包装，其结构具有良好的抗压性能，回收时需要特别注意去除其中的塑料胶带和其他非纸质材料。新闻纸主要用于报纸印刷，回收时应注意避免与涂布纸混合，因为涂布纸在回收过程中可能需要不同的处理方式。纸质包装废弃物的回收处理通常包括纸浆造纸、再生纸生产等工艺，这些工艺能够有效减少森林资源的消耗，降低废弃物对环境的影响。

塑料包装废弃物包括各种类型的塑料袋、塑料瓶、塑料容器等。塑料包装废弃物按塑料的种类可以进一步分类，例如聚乙烯塑料、聚丙烯塑料、聚对苯二甲酸乙二醇酯塑料等。聚乙烯塑料常用于购物袋、食品包装等，回收时需要注意分辨其厚度和类型。聚丙烯塑料主要用于食品包装容器，如酸奶瓶、瓶盖等，在回收处理时需去除附着的食品残渣。聚对苯二甲酸乙二醇酯塑料主要用于饮料瓶，在回收过程中可以通过清洗、挤出、重塑等工艺进行再加工。塑料包装的回收过程相对复杂，需要对不同类型的塑料进行分类处理,以确保回收效率和再利用价值。

金属包装废弃物通常包括铝罐、钢罐等。铝罐多用于饮料包装,钢罐常用于食品罐头。铝和钢的回收处理方法有所不同,铝的回收可以通过熔炼重新制成铝材,而钢的回收则可以通过回炉炼制成新的钢材。在回收过程中,需要去除罐中的残留物,并对罐体进行清洗,以提高回收质量和效率。金属包装的回收不仅可以节约原材料,还能减少金属矿资源的开采,从而减轻环境负担。

玻璃包装废弃物主要包括各种玻璃瓶、玻璃罐等。玻璃包装按颜色可分为透明玻璃、棕色玻璃、绿色玻璃等,不同颜色的玻璃需要分别处理,因为其回收工艺和再利用价值不同。透明玻璃常用于饮料瓶和食品容器,棕色玻璃主要用于啤酒瓶,绿色玻璃常用于果汁瓶等。玻璃包装的回收处理主要包括清洗、破碎、熔融和再加工等工艺,这些工艺能够有效减少玻璃原材料的消耗,并降低生产成本。玻璃的回收还具有很高的再利用价值,因为其可以被反复回收而不会失去质量。

在实际的包装废弃物分类中,还需注意一些混合材料的处理。某些包装材料可能同时包含纸、塑料、金属等多种成分,这些混合材料的回收处理难度较大,需要专门的技术和设备进行分离和处理。为了提高包装废弃物的回收率,各类材料的包装废弃物需要在源头进行分类和分离,避免混合处理导致的资源浪费。

(二)按使用目的分类

包装废弃物的分类标准可以按其使用目的进行详细分类,主要包括运输包装废弃物、销售包装废弃物和功能包装废弃物。

运输包装废弃物是指在商品运输过程中保护商品不受损坏而产生的废弃物。此类包装通常包括纸箱、木箱、塑料托盘、气泡膜、封箱胶带等。这些包装材料在物流运输中扮演着重要角色,能够有效防止商品在长途运输中因挤压、碰撞、震动等原因而受到损害。运输包装废弃物往往体积大、数量多,给废弃物处理带来不小的挑战。纸箱和木箱可以通过回收再利用减少资源浪费,而塑料托盘和气泡膜则需要采取更复杂的回收工艺,以减少环境污染。提高运输包装的重复利用率、优化包装设计、使用环保材料等措施,都是减少运输包装废弃物对环境影响的有效途径。

销售包装废弃物是指商品销售过程中产生的包装废弃物,这类废弃物包括产品外包装盒、塑料袋、塑料泡沫、玻璃瓶、金属罐等。销售包装的主要功能是提高商品的视觉吸引力,增强消费者的购买欲望,同时保护商品在销售和使用过程中的完整性。销售包装废弃物通常会直接进入家庭垃圾系统，成为生活垃圾的重要组成部分。由于材料的多样性，销售包装废弃物的处理较为复杂。纸质包装可以通过再生纸的生产得到利用，玻璃瓶和金属罐可以通过回收再利用制成新的容器或其他产品，而塑料袋和塑料泡沫则需要通过特殊工艺进行回收处理，以避免对环境造成长期污染。通过推广使用可降解材料，鼓励消费者进行分类回收等手段，可以有效减轻销售包装废弃物对环境的负担。

功能包装废弃物是指那些为实现特定功能而设计的包装废弃物，如防潮包装、保鲜包装、隔热包装、防静电包装等。这类包装废弃物在食品、电子产品、医药等领域应用广泛。功能包装通常采用复合材料制造，以确保其能够满足特定功能要求。保鲜包装多采用塑料薄膜和金属箔复合材料，能够有效延长食品的保质期；防静电包装则采用导电材料制造，能够保护电子产品免受静电干扰。功能包装废弃物因其材料的复杂性，且回收处理难度较大。通过研发环保型功能包装材料、改进回收技术、提高功能包装的可重复利用性，可以在满足功能需求的同时，减少其对环境的负面影响。

二、包装废弃物的处理

（一）焚烧处理

对包装废弃物的处理，尤其是焚烧处理，是一个备受关注的环保问题。随着全球经济的快速发展和人们生活水平的提高，包装材料的使用量急剧增加，随之而来的包装废弃物也不断增多。如何有效处理这些废弃物，减少其对环境的影响，成为各国政府和环保组织关注的重点。

焚烧处理是一种常见的废弃物处理方法，它通过高温燃烧将废弃物转化为灰烬、烟气和热能。相比于填埋处理，焚烧处理具有减容效果显著、处理速度快、能够产生能源等优点。焚烧处理也面临一些挑战和争议，主要集中在污染物排放和二次污染问题上。

焚烧处理的基本原理是将包装废弃物置于高温炉中，通过燃烧将有机物转化为二氧化碳和水，同时释放出热能。这个过程需要严格控制燃烧条件，如温度、氧气供应等，以确保完全燃烧，减少有害物质的排放。现代焚烧炉一般采用多级燃烧和废气处理技术，如脱硫、脱硝和过滤系统，以最大限度地减少污染物排放。

尽管技术不断进步，焚烧处理仍然面临一些环境和健康风险。在焚烧过程中会产生二噁英、重金属、酸性气体等有害物质，这些物质如果处理不当，会对大气、水源和土壤造成严重污染。焚烧灰渣中也含有一定量的重金属和其他有害物质，需要妥善处理和处置，以防止二次污染。

为了降低焚烧处理的负面影响，各国纷纷制定严格的排放标准和监管措施。欧盟对焚烧设施的二噁英、重金属和酸性气体的排放限值有着严格规定，同时要求定期监测和报告排放情况。在中国，环保部门也出台了一系列政策和标准，加强对焚烧设施的监督管理，确保其环保性能达标。

除了技术和监管措施以外，公众的参与和监督也是提高焚烧处理环保效果的重要方面。通过信息公开、公众参与和监督机制，确保焚烧处理设施的运行透明化，促进企业和政府的责任落实。定期向社会公开焚烧设施的排放监测数据，接受公众和媒体的监督，增强企业的环境意识和社会责任感。

（二）填埋处理

填埋处理作为一种传统的固体废弃物处理方法，依然在全球范围内广泛应用。在处理包装废弃物时，填埋处理具有其独特的优缺点。尽管现代环保意识的增强使得人们更倾向于寻找更环保的废弃物处理方式，但填埋场在某些情况下仍然不可或缺。

填埋处理的主要优点在于其操作简单、成本较低。相比于焚烧、化学处理等方法，填埋处理不需要复杂的技术设备和高昂的建设及维护费用。正因如此，它在许多经济欠发达地区依然是主要的废弃物处理方式。特别是在处理大量低价值的包装废弃物时，填埋处理能够迅速且经济地解决废弃物堆积的问题。

填埋处理也存在许多不可忽视的环境问题。首先是占地问题。随着人类消费水平的不断提高，包装废弃物的数量急剧增加，填埋场所需的土地资源也日益紧张。特别是在城市化进程迅速发展的地区，土地资源更加稀缺，寻找合适的填埋场地变得越发困难。填埋场的存在还会对周边土地的利用造成影响，制约其未来的发展。

填埋处理会带来严重的环境污染问题。填埋场中的包装废弃物在降解过程中会产生大量的有害物质，如渗滤液和温室气体。渗滤液是一种高浓度的污染物，包含有机物、重金属、病原菌等，若不加以有效处理，极易对地下水和土壤造成污染，进而影响到生态环境和人类健康。温室气体，特别是甲烷和二氧化碳，是包装废弃物在填埋过程中产生的主要气体。这些气体不仅会加剧温室效应，还具有极大的爆炸风险，需进行严格的监控和管理。

为了减少填埋处理带来的负面影响，许多国家和地区开始采取一系列措施来优化填埋场的运行管理。首先是提高填埋场的防渗性能。通过在填埋场底部铺设防渗膜，可以有效防止渗滤液渗入地下水。建设渗滤液收集和处理系统，将渗滤液集中处理，减少其对环境的危害。其次是加强填埋气体的收集和利用。填埋气体中含有大量的甲烷，可以作为一种能源加以利用。一些填埋场已经开始建设填埋气体收集系统，将填埋气体转化为电能或热能，既减少了温室气体的排放，又实现了资源的循环利用。对于新建填埋场，采用分区填埋和分层覆盖的方法，可以提高填埋场的稳定性，减慢废弃物的降解速度，从而减少气体和渗滤液的产生量。

填埋处理并不是解决包装废弃物问题的最佳方案。从根本上减少包装废弃物的产生量，才是从源头上解决问题的根本途径。为此，许多国家和地区纷纷推行垃圾分类和回收再利用政策，鼓励居民对废弃物进行分类投放，将可回收的包装废弃物与其他垃圾分开处理。通过回收再利用，不仅可以减轻填埋处理的负担，还能节约资源，降低环境污染。

企业在设计和生产包装材料时也应注重环保，尽量减少使用难以降解的材料，如塑料和复合材料。推广可降解包装材料，如生物降解塑料、可降解纸质包装等，能够在一定程度上缓解填埋处理带来的环境压力。

第二节　全链条协同治理下的废弃物回收技术

一、废弃物回收技术的关键环节

（一）废弃物分类与收集

废弃物回收技术的关键环节之一是废弃物的分类与收集。有效的分类与收集不仅是废弃物回收利用的前提条件，也是提高资源回收效率和减少环境污染的重要措施。废弃物分类与收集包括居民分类投放、分类运输和集中处理三个主要环节，每一个环节都至关重要。

居民分类投放是废弃物分类与收集的起点。居民日常生活中产生的废弃物种类繁多，包括生活垃圾、厨余垃圾、可回收物、有害垃圾等。为了实现有效的分类投放，需要进行广泛的宣传教育,增强居民的环保意识和分类投放的积极性。在一些地区,政府会提供分类垃圾桶或袋子,并对居民进行指导,帮助他们正确区分不同类型的废弃物。厨余垃圾应投放到专门的厨余垃圾桶,可回收物如纸张、塑料、玻璃等应分别投放到对应的回收桶,有害垃圾如废电池、过期药品等需要单独处理。居民的积极参与和正确的分类投放是实现废弃物有效回收利用的第一步。

分类运输是废弃物分类与收集的中间环节。在这个环节中,分类运输车辆将不同类型的废弃物从居民区运送到相应的处理设施。为了确保分类运输的高效进行,通常需要专门设计和配置适应不同废弃物类型的运输车辆。厨余垃圾运输车需要具有防渗漏、防臭味扩散等功能,而可回收物运输车则需要有较大的容量和分类装置。在运输过程中,废弃物的分类状态应保持不变,避免二次污染和混合。分类运输的优化设计和合理安排不仅能够提高运输效率,还能有效减少运输过程中对环境的影响。

集中处理是废弃物分类与收集的最终环节。在集中处理设施中,不同类型的废弃物将被进一步分拣、处理和回收利用。可回收物中的纸张、塑料、玻璃等将被分类分拣后送入相应的回收处理车间,进行清洗、粉碎、熔融等处理,最终制成新的产品。厨余垃圾则会被送入堆肥场或生物质能发电厂,通过生物降解或厌氧发酵等方式,转化为有机肥料或生物能源。有害垃圾则需要特殊的处理方法,如高温焚烧、化学处理等,以确保其无害化和环境友好。在集中处理过程中,技术的应用和管理的优化是关键,能够提高废弃物的资源化利用率和处理效率。

为了实现废弃物分类与收集的高效运作,需要建立完善的管理制度和技术支持体系。政府应制定相应的法律法规,明确废弃物分类与收集的责任主体和实施细则,并对违反规定的行为进行处罚,以确保制度的落实。应加强对分类与收集全过程的监督管理,建立信息化管理平台,实现对废弃物分类、运输和处理的全程监控和数据记录。技术的研发和应用也是提高分类与收集效率的重要手段。通过研发智能垃圾桶和自动分拣设备,可以实现废弃物的智能化分类和高效分拣,进而减少人工成本和误差率。

公众的参与和支持是废弃物分类与收集成功的关键。通过开展广泛的环保宣传和教育活动,增强公众的环保意识和分类投放的积极性。学校、社区和企业可以共同参与,组织各种形式的分类投放和回收活动,如垃圾分类比赛、环保讲座、分类知识培训等,激发公众的环保热情和责任感。同时,可以利用互联网和社交媒体平台,推广废弃物分类与回收的知识和经验,营造全社会共同参与的良好氛围。

（二）废弃物处理与资源化

废弃物回收技术的关键环节在废弃物处理与资源化过程中扮演着至关重要的角色。这些环节不仅决定了废弃物处理的效率和效果，还直接影响资源化利用的经济性和环境效益。具体而言，废弃物回收技术的关键环节主要包括废弃物分类、预处理、资源回收和终端处理四个方面。

废弃物分类是废弃物回收处理的基础环节。有效的废弃物分类可以大大提高后续处理和资源回收的效率。分类包括源头分类和集中分类两个层面。源头分类是指在废弃物产生的源头进行初步分类，如家庭、企业和公共场所的垃圾分类；集中分类则是在垃圾收集站或废弃物处理厂进行进一步的细化分类。现代废弃物分类技术已经相当成熟，利用自动化分拣设备，如光学分选、磁选、静电分选等，可以快速高效地将不同种类的废弃物分离开来。这不仅提高了回收率，还降低了废弃物的处理成本。

废弃物的预处理环节是确保资源化利用顺利进行的重要步骤。预处理包括废弃物的破碎、压缩、脱水、干燥等过程。破碎和压缩可以减少废弃物的体积，提高运输和处理的效率；脱水和干燥有助于后续处理工艺的顺利进行，尤其是在有机废弃物处理过程中，脱水能够显著降低处理难度和成本。对于某些特殊废弃物，如电子废弃物和医药废弃物，预处理还包括有害成分的去除和无害化处理，以确保处理流程的安全性和环保性。

接下来是资源回收环节，这是废弃物资源化利用的核心。资源回收技术多种多样，根据废弃物种类的不同，采用的技术也有所差异。对于可回收的金属废弃物，通常采用冶金回收技术，如高温熔炼、湿法冶金等工艺；对于塑料废弃物，则采用热解、裂解、再生造粒等工艺；纸质废弃物通过制浆、漂白、再造纸等过程实现资源化利用。对于有机废弃物，如餐厨垃圾、农作物秸秆等，常用的资源回收技术包括堆肥、厌氧消化和生物质能源转化等。这些技术不仅能够有效回收废弃物中的有用成分，还可以将其转化为新产品或能源，实现对资源的循环利用。

终端处理是废弃物处理过程中不可或缺的一环，尤其是对于那些难以回收利用，或经过回收处理后仍然具有一定危害的废弃物。终端处理技术主要包括焚烧、填埋和稳定化固化等。焚烧技术可以大幅减小废弃物体积，并通过热能回收实现废弃物的资源化利用，但需要配备完善的烟气净化设备，以控制污染物排放。填埋处理则适用于处理难以焚烧或回收的惰性废弃物，但填埋场的选址和管理至关重要，需防止渗滤液和气体污染。稳定化固化技术常用于处理有害废弃物，通过物理或化学手段使其稳定或固化，减少其环境风险。

在废弃物处理与资源化的过程中，政策支持和公众参与也至关重要。政府应制定和实施有利于废弃物回收和资源化的政策法规，如垃圾分类政策、回收补贴、环保税收等，以鼓励企业和公众积极参与废弃物的分类和回收。此外，公众的环保意识和行为对废弃物分类和回收率的提高也起到关键作用。通过广泛的宣传教育和公众参与活动，可以有效提升全社会的环保意识，推动废弃物处理和资源化工作的顺利开展。

二、全链条协同治理下的废弃物回收技术应用

（一）人工智能与机器学习

全链条协同治理下的废弃物回收技术应用，是当前环保领域的重要发展方向。随着人工智能和机器学习技术的迅猛发展，这些前沿技术在废弃物回收处理中的应用正在逐步深化和广泛推广。这不仅提高了废弃物回收的效率和精度，也促进了资源的循环利用和环境保护。在全链条协同治理中，废弃物回收的关键环节包括分类、收集、运输、处理和再利用。人工智能和机器学习技术可以在这些环节中发挥重要作用，提高回收处理的智能化水平。

在废弃物分类阶段，智能分拣系统已经成为实际应用中的一大亮点。通过计算机视觉技术，智能分拣系统能够快速识别和分类不同类型的废弃物。利用高分辨率摄像头和图像处理算法，智能分拣设备可以准确识别塑料、金属、纸张等材料，并将它们分离到相应的回收通道。这种自动化分拣技术极大地提高了分拣效率，减少了人力成本，同时也提高了分类的准确性和纯净度。

在废弃物收集和运输环节，智能垃圾桶和智能物流系统的应用显著提高了管理效率。智能垃圾桶内置传感器，可以实时监测垃圾的填埋程度，并通过无线网络将数据传输到管理中心。管理中心通过数据分析，合理安排垃圾收集路线和时间，避免了垃圾桶过满或过空情况的发生。这不仅提高了收集效率，减少了不必要的运输成本，还降低了垃圾堆积对环境的影响。

处理环节是废弃物回收中的核心环节，人工智能和机器学习技术在这一环节中同样大有可为。在废弃物的预处理和资源化利用过程中，智能控制系统可以根据废弃物的性质和成分，优化处理工艺参数，提高资源回收率和能源利用效率。通过大数据分析，人工智能系统可以对不同废弃物的处理效果进行评估和优化，进一步提高处理的精细化水平。

再利用环节是实现废弃物资源化的关键。利用人工智能和机器学习技术，可以制订更加高效和智能的资源再利用方案。通过机器学习算法，研究人员可以分析废弃物的物理特性和化学特性，找到最佳的再利用路径，实现资源的高值化利用。废塑料可以通过热解技术转化为燃料或化工原料，废纸可以经过处理再生成纸浆，用于生产再生纸制品。

人工智能和机器学习技术还可以在废弃物回收的管理和决策中发挥重要作用。通过建立废弃物回收处理的智能管理平台，可以实现对回收全过程的动态监控和优化管理。利用人工智能算法对废弃物产生量、回收量和处理量进行预测和分析，可以提前制订相应的回收计划和处理策略，提高管理的科学性和前瞻性。通过大数据分析，可以识别出废弃物回收处理过程中的薄弱环节和改进方向，持续提升回收处理的整体水平。

在全链条协同治理的框架下，人工智能和机器学习技术的应用还需要各方的协同合作和积极参与。政府应加强政策引导和支持，制定相关标准和规范，以推动智能回收技术的推广、应用。企业应加大技术研发投入，积极探索智能回收技术的创新和应用。公众也应增强环保意识，积极参与废弃物分类和回收，共同推动资源循环利用和环境保护的发展。

（二）创新回收模式

1. 闭环回收系统

在全链条协同治理下，废弃物回收技术应用逐渐成为现代废弃物管理的重要趋势，而闭环回收系统则是实现这一目标的关键技术。闭环回收系统的核心思想是将废弃物回收并重新投入生产过程中的各个环节，实现资源利用的最大化和减少环境污染。以下是闭环回收系统在全链条协同治理下的具体应用及其重要性。

闭环回收系统的基础在于全链条的协同合作，即从生产、消费到废弃物处理和资源再利用的全过程。在生产环节，企业需要设计和生产可回收、可再利用的包装材料。这要求生产商在设计产品时考虑其生命周期，选择易于回收的材料，减少有害物质的使用，同时优化包装设计以便于拆解和分拣。通过这些措施，能够提高产品的回收率和回收质量，为后续的处理和再利用奠定基础。

在消费环节，消费者的参与至关重要。通过教育和宣传，增强公众的环保意识，鼓励大家进行分类投放，能够有效提高废弃物的回收率。政府和企业可以通过设置分类回收箱、开展废弃物分类知识培训等方式，引导消费者将废弃物分为可回收和不可回收两类，减少混合垃圾的产生。对于一些特定的废弃物，如电子废弃物和大件垃圾，可以设置专门的回收点和提供上门回收服务，以便居民投放和回收处理。

废弃物处理和资源再利用是闭环回收系统的关键环节。废弃物在收集和运输过程中，需要经过分拣、清洗、处理等步骤，才能够进入资源回收和再利用环节。现代技术，如自动化分拣系统和智能传感器，能够提高废弃物分拣的效率和准确性。通过先进的分拣技术，将可回收的材料从混合垃圾中分离出来，并进行分类处理，可以大大提高回收材料的纯度和质量。

回收的材料经过处理后，可以重新进入生产环节，形成闭环。在这一过程中，最重要的是要确保回收材料的质量符合生产要求。通过高效的清洗和加工技术，将回收材料处理成符合生产标准的原料，能够有效地替代原生材料，减少资源消耗和环境影响。回收塑料经过处理后可以被制成新的塑料制品，而回收纸张经过处理后可以被重新制成纸张或纸板产品。

闭环回收系统不仅有助于资源的循环利用，还能显著减少废弃物对环境的影响。通过有效地管理和回收废弃物，能够减少填埋和焚烧处理的需求，降低废弃物处理对环境的压力。回收过程中的能源和资源节约也有助于减少温室气体的排放，支持可持续发展的目标。

在全链条协同治理下，政府、企业和公众之间的合作是实现闭环回收系统的关键。政府需要制定和实施相关政策，提供法规支持和财政激励，推动废弃物回收技术的发展和应用。政府还应加强监管，确保各类回收设施的正常运行和废弃物处理的合规性。企业则需在生产和回收过程中发挥积极作用，推动绿色设计和技术创新，提高资源利用效率。企业还可以通过回收奖励机制等方式，激励消费者积极参与废弃物回收。

2. 共享回收平台

全链条协同治理下的废弃物回收技术应用，特别是共享回收平台的建立和运作，正逐渐成为提高废弃物管理效率的重要手段。在这一治理模式中，回收技术的应用不仅关注废弃物的处理过程，还包括前端的分类投放、运输、集中处理等环节，以及通过共享平台实现的信息共享与资源优化配置。共享回收平台在全链条协同治理中发挥了关键作用，促进了各个环节的协调与配合，提高了废弃物回收的整体效能。

共享回收平台是将废弃物管理各个环节信息化和数字化，通过互联网技术和数据共享实现资源的优化配置和高效利用。该平台通常包括回收点管理、用户参与、数据分析、智能化设施等多个方面，旨在提高废弃物回收的效率和效果。其基本功能包括废弃物的分类投放引导、回收点位置查询、回收预约服务、实时数据监测等。

共享回收平台通过智能化设施和技术手段提高废弃物分类的准确性和便利性。平台可以提供智能垃圾桶，这些垃圾桶配备了传感器和识别系统，能够自动识别和分类不同类型的废弃物。用户在投放废弃物时，系统会根据识别结果自动分类，并提供分类建议。智能垃圾桶的应用减少了人工分拣的工作量，提高了分类的准确性。平台还可以通过手机应用程序或网络系统，指导居民正确分类投放，提供分类知识和回收指南，进一步提升居民的参与度和分类意识。

共享回收平台在废弃物的运输和处理环节中发挥了重要作用。通过平台，废弃物的收集和运输可以实现精细化管理。平台可以实时跟踪和监控废弃物的运输路线和状态，优化运输路线，减少运输成本和环境影响。运输过程中，平台能够提供实时数据，帮助调度人员合理安排运输时间和车辆，提高运输效率。平台还可以通过数据分析，预测和管理废弃物的集中处理需求，优化处理设施的运行，进而提高资源的利用效率。

在集中处理环节，共享回收平台通过数据集成和分析，为废弃物处理设施提供科学决策支持。平台能够汇总和分析来自不同地区和类型的废弃物数据，帮助处理设施了解废弃物的来源和组成，制定针对性的处理方案。通过对废弃物类型和数量的分析，处理设施可以优化处理工艺，选择最合适的回收和处理方法，提高处理效率和资源回收率。平台还可以促进处理设施之间的信息共享和经验交流，进而推动技术进步与处理效率的提升。

共享回收平台还为政策制定和公众参与提供了支持。平台可以收集和分析废弃物管理的相关数据，为政府部门制定和调整废弃物管理政策提供依据。平台还可以通过公开数据和信息，增强公众的环保意识和参与感。平台可以展示回收成果和统计数据，鼓励居民积极参与废弃物分类和回收，营造全社会共同推动废弃物管理的良好氛围。平台还可以组织各种形式的环保活动和宣传，以提高公众对废弃物回收的关注和参与度。

第三节 再生材料的应用与管理

一、再生材料在不同领域的应用

（一）建筑与基础设施

再生材料在建筑与基础设施领域的应用正变得越来越广泛，其环境效益和经济效益逐渐得到认可。再生材料主要包括再生混凝土、再生钢材、再生塑料、再生木材等，这些材料在建筑与基础设施项目中的应用不仅能减少资源的消耗，还能降低废弃物的污染程度，提高工程的可持续性。

再生混凝土是建筑领域应用最为广泛的再生材料之一。它主要通过回收拆除建筑物或道路产生的混凝土废料，将其破碎、筛分并加工成再生骨料，再与水泥、砂石等原料混合制成新的混凝土。再生混凝土在道路、桥梁、建筑物基础等工程中得到应用，可以有效降低新混凝土的生产成本。其优点包括减少了自然砂石资源的开采，降低了废弃物处理成本，减少了填埋场的使用。由于再生混凝土的强度和耐久性通常略低于新混凝土，因此在使用过程中需要合理设计和控制其配比，以确保其能够满足工程质量要求。

再生钢材在建筑和基础设施中的应用也越来越受到关注。再生钢材主要是通过回收废钢铁材料，如废旧建筑物、拆除工程、车辆和家电等，经过熔炼和精炼处理，生产出新的钢材。再生钢材具有较高的强度和可靠性，是许多结构工程和建筑项目中不可或缺的材料。使用再生钢材能够显著减少矿石开采和钢铁冶炼过程中对环境的影响，同时降低了能源消耗和生产成本。再生钢材的应用广泛，包括桥梁、钢结构建筑、铁路轨道等，但需要确保其生产工艺符合标准，以保障最终产品的性能和安全性。

再生塑料在建筑领域的应用主要体现在塑料管道、地板材料、墙面板等方面。再生塑料通常由回收的塑料瓶、袋、包装材料等，经过清洗、粉碎和挤出等工艺加工而成。再生塑料不仅可以用作建筑材料，还可以作为装饰材料和绝缘材料，其主要优势包括减少对原生塑料的需求，降低了塑料废弃物对环境的负担，并且具有较好的防水性、耐腐蚀性和耐磨性。特别是在地板材料和墙面板的应用中，再生塑料还可以提供多样化的设计选择。由于再生塑料的原料来源不一，可能存在一定的质量不稳定性，因此在应用过程中需要进行严格的质量控制。

（二）包装行业

再生材料在食品包装中的应用。食品包装不仅需要具备良好的保护性能，还要满足卫生和安全标准。再生塑料作为一种主要的包装材料，被广泛应用于饮料瓶、食品袋和包装盒中。现代技术使得再生塑料能够在不影响产品质量的情况下，具备与原生塑料相当的强度和透明度。再生纸也在食品包装中得到了应用，特别是用于干燥食品和外卖包装。再生纸不仅具有优良的印刷性能，还能起到良好的防潮和保护作用。

再生材料在非食品包装中的应用。再生塑料和再生纸张被广泛用于日常生活用品的包装，如洗涤剂、化妆品和家居用品等。再生玻璃和再生金属则常用于高端产品的包装，如酒类、香水和化妆品等。这些包装材料不仅具有良好的外观和触感，还能提供优越的保护性能，尤其是再生玻璃和再生金属，它们在包装中常常被赋予较高的回收价值，能够提升产品的市场竞争力和环保形象。

再生材料在包装设计中的应用也越来越受到重视。许多企业在产品包装设计中选择使用再生材料来传达环保和可持续的品牌理念。一些高端品牌通过使用再生纸张和再生塑料，设计出具有独特视觉效果和触感的包装，吸引消费者关注环保理念。一些品牌还通过透明的包装设计，展示包装材料的再生来源和回收过程，以此增强消费者对品牌环保承诺的信任。

在技术层面，再生材料的加工工艺不断改进，以提高其在包装应用中的性能。再生塑料的改性技术能够增强其物理性能，如抗冲击性和耐热性，使其在包装中表现出与原生塑料相当的效果。再生纸张的脱墨技术和纤维处理工艺的优化，也提高了其在印刷和包装中的表现。智能化的包装生产设备也逐步应用于再生材料的加工中，通过自动化控制和精确的工艺参数设置，提高了生产效率和产品质量。

二、全链条协同治理下再生材料的管理

（一）生产流程管理

在全链条协同治理下，再生材料的管理涉及从废弃物的收集、分类、处理，到最终的生产和再利用的各个环节。生产流程管理是其中的关键环节，确保再生材料在生产过程中能够高效地转化为新的产品。有效的生产流程管理不仅提高了资源的利用效率，还减少了环境影响，支持了可持续发展目标。以下是对再生材料生产流程管理的详细探讨。

再生材料的生产流程管理始于废弃物的收集和分类。在这一环节中，废弃物的类型和质量直接影响后续处理和利用的效果。高效的废弃物收集系统能够确保废弃物的及时收集和运输，而科学的分类系统则能将不同类型的废弃物分开，避免混合污染。为了提高废弃物的分类准确性，可以采用先进的自动化分拣技术和智能传感器，通过对废弃物的物理特性和化学成分进行检测，实现精确分类。此外，公众的参与和教育也是提高分类质量的重要因素。通过宣传和培训，增强居民的环保意识，鼓励其正确分类，可以有效提高废弃物的回收率和质量。

（二）质量控制

再生材料的质量控制还包括对再生原料的性能检测。性能检测可以通过实验室测试和现场监测等方法进行，测试项目通常包括物理性质、化学成分、机械性能等。在塑料再生过程中，需要测试其熔点、拉伸强度、冲击韧性等指标；在纸张再生过程中，需要测试其厚度、强度、耐久性等指标。通过检测，能够及时发现并纠正质量问题，以确保再生材料的性能达到或超过标准要求。

质量控制还涉及再生材料的生产和应用环节。在再生材料的生产过程中，必须控制生产工艺和条件，确保再生材料的性能稳定。生产过程中的质量控制包括原料管理、生产设备的维护和工艺参数的监控。生产设备需要定期检修和校准工艺参数，如温度、压力、时间等，需要严格控制，以确保生产过程的稳定性和再生材料的质量。在应用环节中，必须根据再生材料的特性选择合适的使用方法和环境，避免因不当使用导致其性能下降或失效。

在全链条协同治理下，质量控制不仅是技术问题，还涉及管理和制度建设。需要建立和完善质量管理体系，制定科学的质量控制标准和规范，确保各环节的质量要求得到落实。管理体系通常包括质量管理机构的设置、质量控制流程的制定、质量标准的建立、质量记录的管理等。通过规范化的管理，可以提高全链条的质量控制水平，保障再生材料的质量和安全。

第八章 全链条协同治理下包装可持续发展的机遇与挑战

第一节 科技创新路径

一、全链条协同治理下数字化技术在包装管理中的作用

（一）物联网技术的应用

在全链条协同治理的背景下，数字化技术的应用在包装管理领域发挥了重要作用，其中物联网技术作为核心驱动力，正逐步改变传统包装管理模式。物联网技术通过将包装环节中的各种设备、传感器和系统连接起来，实现信息的实时采集和共享，从而提高包装管理的效率和精准度。

物联网技术在包装管理中的一个关键应用是实时监控。通过在包装过程中安装传感器和无线通信设备，企业可以实时跟踪包装材料的使用情况、生产线的运行状态以及包装产品的质量。这种实时数据的获取不仅可以及时发现并解决生产中的问题，还可以优化生产流程。传感器可以监测包装材料的剩余量，当材料快要耗尽时，系统会自动发出警报或下订单，避免出现生产线因材料短缺而停滞的情况。

物联网技术在供应链管理中也发挥了重要作用。传统的供应链管理往往依赖于人工记录和手动操作，效率低下且容易出错。物联网技术通过提供自动化的数据传输和处理能力，使供应链各环节的信息能够实时共享。通过 RFID 标签和 GPS 技术，企业可以追踪包装产品的运输路线和状态，实现对产品从生产到配送全过程的可视化管理。这种透明化的管理不仅提高了物流的效率，还增强了其对供应链中各环节的控制力，降低了物流成本。

物联网技术还在包装追溯和防伪方面展现了其独特优势。包装产品通常需要满足各种法规和标准要求，而这些要求往往涉及生产、运输、存储等多个环节。通过将物联网

技术应用于包装追溯系统，企业可以记录和存储每个包装单元的生产、运输信息，实现对产品的全面追溯。这不仅有助于提升产品质量的可追溯性，还能有效防止假冒伪劣产品流入市场，保护消费者的权益。

在智能包装领域，物联网技术的应用也促进了包装形式的创新。传统的包装形式主要关注保护产品不受外界环境的影响，而现代智能包装则融入了更多的数字化元素。智能包装可以集成温湿度传感器，实时监测包装产品的存储环境，并根据需要自动调整包装状态。这样的智能包装不仅提高了产品的保鲜能力，还能通过数据分析提供有关产品状态的信息。

（二）大数据与人工智能的结合

现代社会中，数字化技术的迅猛发展深刻影响了各行各业的运作模式，特别是在包装管理领域。在链条协同治理下，大数据与人工智能的结合正在重塑包装管理方式，为企业带来显著的效率提升和成本节约。

大数据技术在包装管理中的应用，使得企业能够实时监控和分析整个供应链的运行状况。通过收集和处理来自供应链各环节的大量数据，包括原材料采购、生产过程、仓储和物流等，企业可以获取详细的运行信息。大数据分析能帮助企业识别出潜在的"瓶颈"和问题点，从而优化生产和物流过程。通过分析历史销售数据和市场需求趋势，企业可以预测未来的需求波动，调整生产计划和库存策略，避免过度生产或库存积压，进而提高资源利用效率。

人工智能（AI）在包装管理中的作用同样不可忽视。AI技术可以对大数据进行深度学习和智能分析，从而提供更精准的决策支持。具体来说，AI可以通过算法模型预测需求、优化供应链和生产流程。比如，通过机器学习算法，AI能够分析客户的购买习惯和偏好，从而为包装设计提供数据驱动的建议。这种个性化的包装设计不仅提升了消费者的满意度，还能够增强品牌的市场竞争力。

AI技术还能够在包装质量检测方面发挥重要作用。传统的质量检测方法通常依赖人工检查，效率低且容易出现漏检。利用计算机视觉和图像识别技术，AI可以自动识别和分类各种包装缺陷，实时监控生产线上的每一个环节。这样一来，企业可以及时发现并纠正生产中的问题，确保产品质量的一致性和稳定性。

在链条协同治理下，大数据与人工智能的结合不仅限于内部优化，还能够提高整个供应链的协同效率。通过建立信息共享平台，各环节的参与者可以实时获取相关信息，进行数据对接和协调。比如，在供应链中，原材料供应商、生产厂商、仓储管理者和物流公司等，都可以通过共享平台了解其他环节的实时状态，从而协调生产和物流安排，减少延误和资源浪费。这种协同治理模式使供应链变得更加透明和高效。

二、链条协同治理下政策与标准对科技创新的推动

（一）政府政策对绿色包装的支持

在当前全球环境保护意识日益增强的背景下，绿色包装成为科技创新和可持续发展的重要领域。链条协同治理作为一种综合性管理方式，通过多方参与和协调，能够有效推动绿色包装领域的政策与标准制定，从而加速科技创新的发展。政府政策在这一过程中扮演着至关重要的角色。

政府政策为绿色包装的科技创新提供了明确的方向和支持。在许多国家，政府已经认识到环境保护的重要性，并将绿色包装作为实现可持续发展的关键措施之一。政府通过制定和实施一系列环保法规、政策和激励措施，推动企业和科研机构加大对绿色包装技术的研发投入。这些政策不仅设定了环保标准，还提供了资金支持和税收优惠，鼓励企业开发新型环保材料和包装技术。

政府政策通过标准化推动绿色包装技术的应用和普及。政策制定者通常会与行业专家、科研机构以及企业代表共同制定绿色包装的技术标准和实施规范。这些标准明确了绿色包装的要求，如可回收性、生物降解性、资源节约等，为企业在研发和生产绿色包装产品时提供了参考依据。通过标准化，政府能够确保绿色包装技术的有效性和一致性，推动其在市场上的广泛应用。

政府还通过建立激励机制，鼓励企业和科研机构在绿色包装领域进行科技创新。许多国家设立了绿色技术基金、创新奖项和补贴计划，专门支持与绿色包装相关的研发项目。这些激励措施不仅降低了企业和科研机构的创新成本，还激发了他们的研发热情。此外，政府还积极推动产学研合作，鼓励企业与高校、科研机构共同开展绿色包装技术的研究和开发，从而加速科技成果的转化和应用。

（二）行业标准与认证的影响

在现代经济和科技发展中，链条协同治理作为一种新型的管理模式，正在逐步影响

政策和标准的制定与实施，尤其是在科技创新领域。链条协同治理强调在整个产业链的各个环节之间建立紧密的合作关系，实现信息共享、资源整合与协同创新。这种治理模式对于科技创新的推动作用不可忽视，而行业标准与认证作为政策实施的重要工具，对于推动科技创新同样具有重要的影响。

链条协同治理通过提高各环节之间的合作水平，有效促进了科技创新的生态系统建设。传统的科技创新往往依赖于单一主体的研发力量，而链条协同治理则强调整个产业链条中各参与方的合作，从原材料供应商到最终产品制造商，再到消费者，所有环节都应当紧密配合，共同推动技术进步。这种全链条的协同不仅可以减少创新过程中各环节的重复劳动和资源浪费，还能通过信息共享加快技术转移与应用。在高科技产业中，链条协同治理能够促使不同企业间的研发成果更加迅速地转化为实际产品，推动整个产业技术水平的提升。

政策与标准的制定在链条协同治理中扮演着至关重要的角色。政策的引导和标准的制定为科技创新提供了规范和方向。政府部门通过制定相关政策，可以为企业的创新活动提供支持与激励，例如税收优惠、研发资助等。行业标准的制定则有助于统一技术规范，提高产品质量，增强市场竞争力。在链条协同治理下，标准的制定不仅要考虑单个企业的需求，还需要综合考虑整个产业链的利益，从而制定出能够促进全链条协同创新的标准。在信息技术领域，统一的数据交换标准能够促进不同系统间的互联互通，从而推动技术的快速发展。

行业标准和认证的影响还体现在提高科技创新的质量和效率上。认证作为一种质量保证机制，通过对产品、服务和管理体系的认证，能够确保其符合既定的标准和要求。这不仅有助于提高产品的市场认可度，还能够增强企业的创新能力和竞争优势。在链条协同治理下，认证体系的完善可以促使各参与方在创新过程中更加注重标准的遵循，从而提高整个链条的技术水平和市场竞争力。ISO9001等质量管理体系认证能够帮助企业建立系统化的管理模式，提高研发效率，促进创新成果的转化。

第二节　社会融合发展

一、社会融合的基本概念

社会融合是一个多维度的概念，涉及不同社会群体在经济、文化、社会和政治等方面的融合与互动。它旨在促进社会的和谐发展，减少社会的不平等现象，实现更大的社会包容性和公平性。社会融合不是简单的相互接触，而是通过共同的价值观和社会制度，使不同背景的人群能够在平等的条件下共享社会资源，参与社会生活。

二、链条协同治理下社会融合促进包装可持续发展的路径

（一）企业社会责任与社会融合

在全球环境问题日益严重和资源紧张的背景下，包装行业面临着巨大的挑战和机遇。在链条协同治理下，社会融合的理念成为推动包装可持续发展的重要路径。企业将社会责任与社会融合相结合，为包装行业的绿色转型和可持续发展提供了新的思路和实践路径。

企业社会责任在推动包装可持续发展中扮演着至关重要的角色。企业不仅要关注自身的经济利益，还需要承担对环境和社会的责任。包装作为产品的脸面，在生产、使用和处置过程中会产生大量的资源消耗和环境负担。企业通过制定和实施绿色包装策略，能够在生产环节中减少资源浪费，采用环保材料，优化包装设计，降低包装对环境的影响。许多企业开始使用可回收或可生物降解的包装材料，减少一次性塑料的使用，推动包装的绿色转型。这不仅符合环境保护的要求，也提升了企业的社会形象和品牌价值。

社会融合的理念则强调不同利益相关方的合作与协调，通过多方参与和协作来推动可持续发展。在包装管理中，社会融合体现在企业、政府、消费者、非政府组织等多方共同参与，共同推动绿色包装和可持续发展的目标。企业可以通过与政府合作，参与环保法规的制定和执行，推动行业标准的提升。政府则可以通过政策激励和监管手段，引导企业进行绿色创新和技术改造。

消费者的参与也至关重要。他们的环保意识和消费行为直接影响包装的市场需求。

企业通过教育和宣传，提高消费者对绿色包装的认知和接受度，可以进一步促进绿色包装的发展。消费者对环保包装的需求增长，也促使企业在包装设计和材料选择上更加注重可持续性。同时，非政府组织和环境保护组织可以发挥监督和倡导作用，推动企业和政府采取更加积极的环保措施，促进行业的绿色转型。

在实际操作中，社会融合促进包装可持续发展的路径包括以下几个方面。推动跨部门和跨行业的合作。企业可以与材料供应商、物流公司、回收公司等建立紧密的合作关系，共同研发和推广绿色包装解决方案。企业可以与回收公司合作，建立闭环回收系统，实现包装材料的循环利用。这种跨部门的协作能够有效解决单一企业难以独立解决的环保问题。

（二）政策支持与社会组织的作用

在实现包装行业可持续发展的过程中，产业链条协同治理显得尤为重要。社会融合、政策支持和社会组织的积极参与，能够有效推动包装行业的绿色转型和可持续发展。其中，社会融合不仅包括政府、企业和社会组织之间的协调合作，还涵盖了不同利益相关方在包装可持续发展目标上的共同努力。以下将详细探讨社会融合如何促进包装可持续发展，并分析政策支持和社会组织的作用。

政策支持在推动包装可持续发展中发挥了核心作用。政府制定的一系列环保政策和法规，为推动包装行业的可持续发展提供了法律依据和实施框架。许多国家和地区出台了关于限制一次性塑料使用、推广可回收材料的政策，强制企业采用环保包装材料。政府还通过提供财政补贴、税收优惠等激励措施，鼓励企业投资绿色技术和研发环保包装解决方案。这些政策不仅帮助企业降低了环保成本，还推动了技术创新，促使更多企业主动参与到绿色包装的实践中。

社会组织在包装可持续发展中的作用同样不可忽视。社会组织，包括非政府组织、环保机构以及行业协会等，通过宣传倡导、监督评估和项目实施等方式，积极推动包装行业的可持续发展。环保组织通过开展公众教育活动，提高消费者对环保包装的认知，并鼓励其选择绿色产品。这种社会动员有助于形成广泛的环保意识，推动社会各界对包装可持续发展的关注和参与。

行业协会作为社会组织的重要组成部分，其作用体现在推动行业自律和标准制定方面。行业协会通常会组织企业成员共同制定行业标准，推动绿色包装的普及和应用。协会可以制定关于绿色设计、材料选择、生产工艺等方面的指导性文件，帮助企业在实际生产中遵循环保原则。协会还可以通过定期的行业交流和培训，分享绿色包装的最佳实践，提升整个行业的环保意识和能力。

在链条协同治理的框架下，政府政策和社会组织的作用相辅相成，共同推动包装行业的可持续发展。政府通过政策引导和资源支持，为绿色包装的发展创造了有利的环境；社会组织则通过社会动员和行业合作，推动环保理念的传播和落实。两者的协同合作，可以有效整合资源，形成合力，推动包装行业的绿色转型。

第三节 政策导向与大众认同

一、政策导向在链条协同治理下的包装可持续发展

（一）全球包装可持续发展政策回顾

全球范围内的包装可持续发展政策回顾显示，各国在推动环保政策时逐渐趋同，但同样也存在一定的差异。美国的《减少塑料废物法案》规定了严格的塑料包装限制，要求塑料包装必须可回收或生物降解。相比之下，中国的《塑料污染行动计划》则注重从源头减少塑料使用，同时鼓励企业研发替代材料和技术。这些政策虽然侧重点不同，但都旨在减少包装废弃物对环境的影响，提高资源利用效率。

国际组织在全球包装可持续发展中也发挥了重要作用。联合国环境规划署等国际组织通过制定全球性标准和倡议，推动各国在包装可持续发展方面的合作与协调。UNEP提出的《全球塑料协议》旨在减少塑料污染，鼓励各国制定和实施本国的塑料管理政策，同时促进技术和知识的交流。这些全球性倡议为各国提供了政策参考和实施框架，有力推动了全球范围内的包装可持续发展。

（二）政策变化对行业的影响

在链条协同治理的框架下，政策导向对包装行业的可持续发展具有深远的影响。政策的变化不仅会影响包装材料的选择和使用，还会改变包装生产和管理方式，促进资源的高效利用和环境保护。政策导向通过制定规范、鼓励创新和引导市场需求，推动包装行业向更加可持续的方向发展。

各国政府和国际组织制定了多项环保法规和标准，旨在减少包装废弃物，促进包装

材料的回收和再利用。许多国家推出了禁止使用一次性塑料袋和限制塑料包装使用的政策，这直接推动了包装材料向可降解、可回收或可重复使用的方向转变。这些政策要求包装企业采用更环保的材料和技术，推动包装设计的绿色化，从源头减轻环境负担。

政府可以通过提供税收减免、补贴和研发资助等措施，鼓励企业在包装领域进行技术创新。一些国家对使用环保材料和节能技术的企业提供财政补贴，激励企业研发和采用新型环保包装材料。政策导向还可以通过设立绿色认证体系，推动企业获得环保认证，从而提高市场竞争力和提升品牌形象。通过这些激励措施，政策不仅支持企业在可持续发展方面的投入，还加快了绿色技术的普及和应用。

消费者对环保的关注日益增加，政策通过引导和促进绿色消费，改变了市场对包装产品的需求结构。政府和组织通过宣传和教育，提升公众对环保包装的认知，从而促进消费者选择更加环保的产品和包装。这种需求变化促使企业在产品设计和生产中更加注重环境保护，推动行业向可持续发展方向。

政策变化还对包装行业的供应链管理产生了显著影响。链条协同治理强调各个环节的协调与合作，政策的变化要求包装行业在供应链的各个环节中都要考虑环保因素。政府对包装材料生产和运输过程中的环保要求，促使企业在供应链管理中采用低碳和节能的运输方式，并要求供应商提供符合环保标准的原材料。这样的政策变化促进了包装供应链的绿色化，推动了资源的有效利用和废弃物的减少。

政策变化还影响了包装行业的国际合作与竞争。在全球化背景下，各国对包装的环保政策有所不同，国际的政策协调和合作变得越来越重要。国际社会推动的塑料减排协定和绿色包装倡议，要求各国在包装行业采取统一的环保标准和措施。这样的国际政策变化促进了全球包装行业的可持续发展，也增加了国际市场的竞争力和合作机会。

二、大众认同对包装可持续发展的影响与促进

（一）公众对包装可持续性的认知

公众认同在包装可持续发展中发挥着至关重要的作用。随着环境问题的日益严重，公众对包装可持续性的认知和态度直接影响着企业的战略决策和市场走向。在包装行业，公众对环保和可持续性的关注不仅推动了行业的绿色转型，还促使企业在生产和设计过程中更加注重节约资源和环境保护。

公众认同影响着消费者的购买决策。近年来，消费者的环保意识显著增强，越来越

多的人在购买产品时会关注其环保。研究表明，消费者更倾向于选择那些采用可回收、可降解材料包装的产品，这种市场需求推动企业在包装设计中采用绿色材料和可持续技术。一些企业已经开始使用植物基塑料、生物降解材料和减少包装层数等措施，以符合消费者对环保的期待。公众认同对包装可持续性的影响力体现在消费者愿意为环保产品支付溢价，从而激励企业投入更多资源于绿色包装的研发和生产。

公众的认知和态度也影响着企业的品牌形象和市场竞争力。企业在应对日益严峻的环保压力时，不仅要关注法律法规的要求，还要响应社会舆论和公众的期望。企业在包装方面采取积极的环保措施，可以提升品牌的社会责任感和形象。某些品牌通过透明的信息披露，向公众展示其在包装可持续性方面的努力和成就，赢得了消费者的信任和忠诚。相反，如果企业忽视环保，采用不符合可持续发展要求的包装，可能会遭遇负面舆论，影响品牌声誉，甚至可能面临消费者的抵制。

公众对包装可持续性的认知不仅影响消费行为，还推动政策的制定和实施。随着环保意识的增强，公众越来越关注包装对环境的影响，这种关注促使政府和相关机构采取更多的监管措施和政策支持。许多国家和地区已经出台了有关减少一次性塑料包装、鼓励回收和再利用的法规。这些政策的制定和实施不仅反映了公众的诉求，也对企业的包装策略产生了深远的影响。企业在遵守法规的同时也积极响应公众的环保要求，通过创新和调整包装设计，减少对环境的负面影响。

（二）公众意见对政策制定的影响

在推动包装行业的可持续发展过程中，公众的认同和意见发挥着至关重要的作用。公众的关注和参与不仅能提升自身的环保意识，还能有效地推动政策的制定和实施，使得绿色包装的推广更加符合社会需求和实际情况。以下将详细探讨公众认同对包装可持续发展的影响，以及公众意见如何对政策的制定产生影响。

公众对包装可持续发展的认同有助于提高企业和政府对环保的重视程度。当公众广泛关注并认同环保包装时，企业和政府会感受到来自社会的压力和期望，从而加大对绿色包装技术和政策的投入。公众对环保的认同往往通过消费行为表现出来，消费者越来越倾向于选择那些采用环保包装的产品。这种市场需求推动企业在包装设计和材料选择上优先考虑环保因素，从而促进绿色包装的普及和应用。

公众认同还能够推动政府制定更加有效的环保政策。政府在制定政策时，需要充分考虑公众的需求和期望。如果公众对绿色包装有强烈的支持和期待，政府会更愿意采取积极的措施来回应这种社会需求。公众对减少塑料使用的广泛支持，可以促使政府出台相关的禁塑政策，鼓励使用可降解和可回收的包装材料。这种政策不仅能够有效减少环境污染，还能够引导企业和消费者朝着可持续的方向发展。

公众意见对政策制定的影响也体现在政策的反馈和调整上。当政府发布新的环保政策后，公众的反馈和意见能够为政策的调整和优化提供重要参考。政府通常会通过公众咨询、听证会等形式收集意见，了解公众对政策的接受程度和实际影响。这种反馈机制可以帮助政府识别出政策实施中的问题，并进行相应的调整。在某些情况下，公众可能对某些环保政策的执行细节提出改进建议，政府可以根据这些建议优化政策措施，以提高政策的实际效果。

第四节　经济效益与环境保护

一、链条协同治理下包装可持续发展经济效益的主要体现

（一）成本节约与资源优化

在链条协同治理的框架下，包装可持续发展不仅有助于环保，还有显著的经济效益。通过优化成本结构和资源利用，企业能够在实现环保目标的同时获得经济上的好处。其中，成本节约与资源优化是这些经济效益的主要体现。

成本节约是链条协同治理下包装可持续发展的直接经济效益之一。传统的包装模式往往依赖于大量的原材料和能源，这不仅增加了生产成本，还带来了环境负担。通过实施可持续包装策略，如采用可回收或生物降解材料、改进包装设计、提高生产工艺等，企业可以显著降低原材料和能源的使用，从而降低生产成本。

采用轻量化包装技术能够减少包装材料的使用，从而降低原材料成本。轻量化包装不仅减少了生产过程中的材料消耗，还降低了运输过程中的成本。在运输过程中，轻量化的包装减少了货物的重量和体积，从而降低了运输费用和碳排放。实际案例显示，许多企业通过改进包装设计，减少了约20%的包装材料，进而节省了生产和物流成本。

资源优化也是链条协同治理下包装可持续发展带来的重要经济效益。通过优化资源

利用，企业能够提高原材料的使用效率，减少资源浪费。这种优化不仅体现在生产环节，还涵盖了整个供应链。采用可回收材料可以在材料的生命周期内实现多次使用，从而减少了对新型原材料的需求。在链条协同治理下，通过建立完善的回收系统和循环经济模式，企业能够实现资源的闭环管理，进一步优化资源利用。

（二）市场竞争力的提升

在链条协同治理的背景下，包装的可持续发展不仅关乎环境保护，还涉及经济效益和市场竞争力的提升。链条协同治理指的是在包装产业链中，涉及的各方包括生产企业、供应商、零售商、消费者以及政策制定者等，通过紧密合作，共同推动包装材料和方式的可持续发展。这种治理模式可以显著提升经济效益和市场竞争力，主要体现在以下几个方面。

链条协同治理下的包装可持续发展能够有效降低生产和运营成本。通过协同治理，各环节能够共享信息和资源，优化生产流程，减少资源浪费。生产企业与供应商可以共同开发新型环保材料，这些材料在生产过程中往往比传统材料更节能、更高效。减少包装材料的使用不仅可以降低原材料成本，还能降低运输成本，因为减少的重量和体积会直接减少物流费用。企业之间的信息共享可以避免重复的研发投入，使生产流程得以优化，进一步降低整体成本。

可持续包装的实施能够提升企业的市场竞争力。现代消费者对环保和可持续发展有着越来越高的关注和期望。企业通过采用可持续包装，不仅符合市场趋势，还能提升品牌形象和市场认可度。使用绿色包装和可回收材料，可以显著增强企业的品牌价值，吸引具有强烈环保意识的消费者。这种市场认知的提升，可以带来更多的客户和更高的市场份额，从而提高企业的竞争力。

二、链条协同治理下包装可持续发展环境保护的主要措施与成效

（一）绿色设计与材料选择

在链条协同治理的背景下，包装可持续发展的环境保护措施得到了广泛关注和实践。绿色设计和材料选择作为关键手段，对于提升包装的环保性能、减少资源消耗和降低环境影响发挥了重要作用。这些措施不仅有助于实现环境保护目标，而且推动了行业的绿色转型和可持续发展。

绿色设计是包装可持续发展的核心措施之一。绿色设计理念强调在产品生命周期的

各个阶段，包括设计、生产、使用和处置中，最大限度地减少对环境的负面影响。在包装设计阶段，企业应考虑到包装的整体环保性，例如减少包装材料的使用量、优化包装结构以及减少废弃物等。通过设计简化和优化包装，可以降低原材料需求，减少废弃物。绿色设计还包括对包装的易回收性和可再利用性的考虑。设计时采用模块化、易拆解的结构，使得包装在废弃后可以更方便地进行回收和处理，从而提高资源的循环利用率。

材料选择是绿色设计实施的关键环节。传统的包装材料如塑料，虽然在使用过程中具有便利性，但其对环境造成的负担不可忽视。为了减少对环境的影响，企业开始采用更为环保的替代材料。可降解材料和生物基材料正在逐步取代传统的石油基塑料。生物基材料如玉米淀粉、甘蔗渣等都来源于可再生资源，能够在一定条件下自然降解，从而减少对环境的长期影响。可回收材料的使用也是重要的措施之一，通过使用如纸板、铝箔等容易回收的材料，能够提高包装的循环利用率。

（二）回收与再利用的实践

在链条协同治理的框架下，推动包装行业的可持续发展需要采取一系列环境保护措施。这些措施涵盖了从源头减少、材料选择到回收与再利用的全过程，旨在实现资源的高效利用和环境负担的最小化。这些实践，不仅提高了包装材料的环保性能，还促进了循环经济的健康发展。以下详细探讨环境保护的主要措施及其成效，特别是回收与再利用的实践。

从源头减少包装材料的使用是可持续发展的重要措施。企业和政府通过减少包装材料的使用量和简化包装设计，减少了资源消耗和废弃物。一些企业通过改进包装设计，采用简约风格，减少了不必要的包装层次和材料使用。这不仅降低了包装成本，还减少了包装废弃物。政府通过制定相关政策和标准，鼓励企业减少包装材料的使用，推动行业整体向简约环保方向发展。

选择环保材料是包装可持续发展的另一项关键措施。许多企业和科研机构致力于研发和推广可回收、可降解以及生物基包装材料。这些材料不仅具有较小的环境影响，还能够在使用后较快地降解或被回收。生物降解塑料和纸基包装材料成为绿色包装的热门选择。政府通过制定相关标准和认证体系，推动这些环保材料的市场应用，并为企业提供技术支持和激励措施。这些措施有效地推动了环保材料的广泛应用，同时也提高了包装的环境友好性。

在回收与再利用方面，链条协同治理通过建立有效的回收体系和再利用机制，推动了包装材料的循环经济。建立完善的回收体系是关键。这包括设立回收点、提供分类回收服务以及建立高效的回收网络。许多城市设立了专门的回收站点，鼓励消费者将废旧包装材料进行分类回收。企业也通过在产品包装上标识回收信息，引导消费者进行正确的分类回收。政府和企业的合作，在回收设施建设、回收政策实施等方面形成了强有力的支持，提高了回收率和回收质量。

再利用是回收体系的重要组成部分。许多企业通过回收废旧包装材料，将其重新加工成新产品，减少了资源的浪费。一些公司回收塑料瓶，将其加工成新的包装材料或其他产品。这种再利用不仅减少了对原材料的需求，还减少了废弃物对环境的影响。政府和行业协会也积极推动回收材料的标准化和认证，确保回收材料的质量和安全性，从而提升再利用产品的市场认可度。

参考文献

[1] 郑功帅. 全周期全链条党性教育：内在逻辑、核心要义与实践进路 [J]. 长春市委党校学报,2024(3)：49-53.

[2] 时翔,李磊,陈宏业,等. 电力行业工程全链条数字化审计研究与实践 [J]. 中国内部审计,2024(6)：42-49.

[3] 贺德方,陈涛,刘辉,等. 科技活动全链条政策体系构建研究 [J]. 中国软科学,2024(6)：1-14.

[4] 万广朋. 全链条保护创新动力 [J]. 中国防伪报道,2024(4)：40.

[5] 杨伊静,黄爱龙. 协同合作打通传染病防治"产学研用"全链条 [J]. 中国科技产业,2024(4)：17.

[6] 韩志艳,王健. "全链条协同"传感器应用技术课教学方法研究 [J]. 教育教学论坛,2024(4)：136-139.

[7] 王宏坤. 杭州技术转移转化中心：构筑全链条转移转化体系 [J]. 杭州科技,2023,54(6)：12-14.

[8] 郭宇欣,王迪. 可持续设计与包豪斯设计在中国包装设计中的传承与发展 [J]. 造纸信息,2024(6)：105-107.

[9] 王思佳,黄黎清,李明珠. 产品服务系统设计思维下的校园快递包装可持续系统设计研究 [J]. 设计,2024,37(9)：128-131.

[10] 肖颖喆,罗景明. 基于结构与功能可变的纸包装容器可持续设计方法解析 [J]. 包装学报,2022,14(5)：16-21,74.

[11] 杨艺楠,王欣欣. 绿色包装可持续设计重要性及其发展途径解析 [J]. 大众文艺,2021(19)：84-85.

[12] 朱晓礼. 茶叶包装设计中的可持续研究 [J]. 福建茶叶,2017,39(2)：153-154.

[13] 关慧良. 从原生态绿色包装谈可持续设计的生态美学 [J]. 中国包装工业,2014(18)：54-55.

[14] 张禹. 浅议包装可持续设计的定位原则 [J]. 中国包装工业,2014(8)∶25,28.

[15] 胡艳珍,郭曦婷. 特色农产品包装可持续设计研究 [J]. 湖南包装,2022,37(1)∶75-79.

[16] 徐云洁,任钟鸣. 减少家庭食物浪费的食品包装可持续设计研究 [J]. 设计,2022,35(9)∶62-64.

[17] 张芸. 用"展望"与"回归"探讨现代包装中的可持续设计 [J]. 包装世界,2010(2)∶76-78.

[18] 杨文萍. 从"碎片化运作"到"协同治理"：数字技术赋能跨域危机治理的创新路径研究 [J]. 荆楚学刊,2023,24(4)∶19-27.